KB106126

빙하기

* 이 번역서는 2011년 정부(교육과학기술부)의 재원으로
한국연구재단의 명저번역사업의 지원을 받아 수행된 연구임(NRF-2011-421-C00006)

한국연구재단총서 학술명저번역 574

빙하기

그 비밀을 푼다

Ice Ages: Solving The Mystery

존 임브리 및 캐서린 팔머 임브리 지음 | 김인수 옮김

아카넷

Ice Ages: Solving The Mystery

by John Imbrie and Katherine Palmer Imbrie

차례

제3부 미래의 빙하기

서문

    과거 한때 지구상에 빙하기가 있었다는 것은 한 세기 전부터 잘 알려진 사실이다. 그래서 겨울 폭풍이 휘몰아칠 때면 나음 같은 머리글자가 대서특필 된다. 또 다시 빙하기가 다가오는 것인가?

    이 책은 빙하기에 관한 이야기이다. 빙하기란 무엇인가, 빙하기는 왜 오는가, 다음번 빙하기는 언제 오는가. 또 이 책은 과학적 발견에 대한 이야기 이다. 다시 말해 이 책은 지난 한세기 반 동안 빙하기의 비밀을 풀어내고자 노력했던 세계 각국의 천문학자, 지구화학자, 지질학자, 고생물학자 그리고 지구물리학자들에 대한 이야기를 들려준다.

    이 책을 집필하는 동안, 우리 저자는 많은 사람들로부터 고마운 조언과 협력을 받았다. 특히 부친 밀루틴 밀란코비치(Milutin Milankovitch)에 대해 회고담을 들려준 바스코 밀란코비치(Vasko Milankovitch) 씨에게 감사드린다. 세르비아 과학 예술원(Servian Academy of Sciences and Arts)의 앙겔

리치(Tatomir P. Angelitch) 씨는 친절하게도 밀란코비치가 발표했던 논문의 전체 목록을 제공해주었다. 그뢴퀴스트(Barbara Grönquist) 여사는 다수의 독일어 문장을 번역해주었고, 에딘버러 대학교(University of Edinbrugh)의 크레이그(Gordon Craig) 씨는 제임스 크롤(James Croll)에 대한 정보를 찾고 모으는 일을 도와주었다. 한편, 일리노이 대학교(University of Illinois)의 카로치(Albert V. Carozzi) 씨의 연구는 빙하기 이론의 초기 역사에 대한 귀중한 길잡이가 되었다. 또 크라우제(Catherine Krause) 여사는 불분명한 원전의 검색을 도와주어서 이 책의 집필에 크게 도움이 되었다.

베르그렌(William A. Berggren), 브뢰커(Wallace S. Broecker), 클라인(Rose Marie Cline), 에밀리아니(Cesare Emiliani), 엡스타인(Samuel Epstein), 에릭슨(David B. Ericson), 페어브리지(Rhodes W. Fairbridge), 헤이즈(James D. Hays), 쿠클라(George J. Kukla), 매튜스(Robley K. Matthews), 업다이크(Neil D. Opdyke), 섀클턴(Nicholas J. Shackleton) 그리고 탈와니(Manik Talwani) 등 여러 사람들은 각자의 개인적 회고담을 들려주었다.

멜로어(Rosalind M. Mellor) 양은 원고를 타자하면서 명확치 않은 곳을 면밀히 찾아 지적해주었고, 피터스(Terry A. Peters) 양 또한 이러한 준비 과정을 도와주었다. 임브리(Barbara Z. Imbrie) 양은 원고 초본을 꼼꼼히 읽으면서 여러 가지 도움 되는 말을 해주었다.

끝으로 출판사의 엔슬로(Ridley Enslow) 씨의 격려와 조언에 대해서도 감사의 마음을 전하는 바이다.

메사추세츠주 씨콩크(*Seekonk, Mass.*)에서
1978년 6월   J.I.와 K.P.I

이 책 초판에서는 1837년 루이 아가시(Louis Agassiz)가 대 빙하기(大 氷 河期, Great Ice Age)의 발견을 천명하는 데서 시작하여, 1976년 제임스 헤이즈(James D. Hays)와 그의 동료 연구자들이 빙하기 이론을 뒷받침하는 증거를 찾아내어 발표하는 데까지 이르는 과학 이야기가 펼쳐졌다. 빙하기 이론은 앞서 40년 전에 밀루틴 밀란코비치(Milutin Milankovitch)가 제창한 것이다. 이 이론이 지닌 심대한 의의를 인식한 국제 학계는 빙하기 문제에 대해 새로운 고찰을 시작했다. 그리고 몇 해 지나지 않아 밀란코비치의 이 이론이 본질적으로 옳다는 것이 널리 인정되었다. 빙하기의 근본 원인이 밝혀진 오늘날, 플라이스토세(Pleistocene)에 일어난 이 기후 변화의 파노라마는 역사적 호기심을 뛰어넘어 기후가 변화하는 몇 가지 근본 메커니즘을 고찰하는 중요한 출발점이 되었다. 그래서 1982년 12월에는 뉴욕 팰리세이즈(Palisades)에 있는 컬럼비아 대학교 부설 라몬트–도허티 지질과학

연구소(Lamont-Doherty Geological Observatory of Columbia University)에서 "밀란코비치와 기후(Milankovitch and Climate)"라는 국제 심포지엄이 열리게 된다. 이 학술행사는 나토(NATO)와 미국 국립과학재단(NSF), 그리고 여러 과학회의 지원을 받았는데, 12개국으로부터 100명이 넘는 갖가지 전문 분과의 사람들이 참석했다. 이 학술대회 만찬석상에서 밀루틴 밀란코비치의 아들 바스코 밀란코비치는 제1차 세계대전 전에 베오그라드(Belgrad)에서 보냈던 부친의 학자생활에 대한 어린 날의 기억을 되새겨보았으며, 밀루틴의 동료들은 당대의 이 창조적 거장이 연구하던 모습을 회고했다.

이 보급판에서 우리는 "부록: 빙하기 발견 연보"를 확장하고 "참고 문헌"에 새로운 것을 더함으로써, 최근 10년 동안 이루어진 과학 발전의 주된 내용에 대한 요약을 추가했다.

메사추세츠 시콩크(*Seekonk, Mass.*)와
로드아일랜드 배링턴(*Barrington, R.I.*)에서
J.I.와 K.P.I.

그림 목록

들어가는 장
잊혀진 빙하기

지금으로부터 2만 년 전 우리 지구는 사정없이 엄습해온 빙하(氷河, glacier)에 무릎을 꿇은 적이 있다. 빙하는 북쪽의 차가운 요새에 근원을 두고 들판과 삼림 그리고 산맥을 뒤덮으며 남으로 밀고 내려왔다. 이렇게 밀려든 빙하가 만든 지형의 흔적은 오랜 훗날까지 남게 되었다. 기온은 수직으로 급강하 했고, 밀려오는 빙하의 무게로 지구상 여러 곳에서는 지표면이 파여 나갔다. 또한 이 거대한 빙하가 형성되려면 바다로부터 엄청난 양의 수분이 흡수되어야 하기에 전세계 해수면이 350피트나 내려가고, 이에 따라 대륙붕 대부분이 육지가 되었다.

지구 역사에서 이 시기를 빙하기(氷河期, ice age)라고 부른다. 빙하 중 하나는 북미 대륙의 허드슨 만(Hudson Bay) 일대를 중심으로 퍼져나갔는데 동부 캐나다 지역 대부분과 뉴잉글랜드(New England), 그리고 미국 중서부 지역 대부분을 평균 1마일 이상의 두께로 덮었다. 또 다른 빙하는 캐나다

그림 1 오늘날의 지구(위 그림)와 최후 빙하기의 지구(아래 그림). 2만 년 전 거대한 빙하가 북미 대륙과 유럽 그리고 아시아의 일부를 뒤덮었다. 북극해와 북대서양에서는 바다 일부가 얼어붙었으며, 해수면은 오늘날보다 350피트나 낮았다. 아시아와 북미를 연결하는 대륙붕을 비롯한 여러 대륙붕들이 육지가 되었다. (덴튼(George Denton) 등 클리맵(CLIMAP project)[1] 연구자들의 편집 자료를 기반으로 소티로풀로스(Anastasia Sotiropoulos)가 그린 그림.)

록키산맥(Canadian Rockies)을 포함하는 북미 대륙 서쪽 고지대로부터 발원하여 알래스카(Alaska)와 캐나다 서부 전역, 워싱턴(Washington) 주, 아이다호(Idaho) 주, 몬태나(Montana) 주의 일부를 집어삼켰다. 유럽 대륙에서는 스칸디나비아(Scandinavia)와 스코틀랜드(Scotland)에서 발원한 빙하가 영국 대부분과 덴마크, 독일 북부 대부분과 폴란드를 지나 러시아 지역으로 퍼져나갔다. 알프스(Alps)를 중심으로 한 좀더 작은 빙하는 스위스 전역과 그 인근의 오스트리아, 이탈리아, 프랑스, 독일의 일부를 덮었다. 남반구에서는 호주, 뉴질랜드, 아르헨티나에서 소규모로 빙하가 발달했다. 결국, 지금은 얼음이 없는 1,100만 제곱마일의 땅이 당시는 빙하로 뒤덮였던 것이다.

북반구의 빙하 주변 지역은 나무 없는 툰드라(tundra)가 되었다. 짧고 서늘한 여름 동안 이곳 습지에서는 히스(heather)와 같은 키 작은 내한성 식물들이 자랐다. 순록과 맘모스는 여름 동안 이 무성한 풀을 뜯다가 겨울이 되면 보다 나은 목초지를 찾아서 남으로 내려갔다. 북미 대륙의 툰드라대는 북쪽의 빙하지역과 남쪽의 삼림지역을 가르는 좁다란 벨트를 이루었다. 북미 대륙 동부에서는 가문비나무(spruce tree)가 연속된 삼림을 이루며 자랐으며, 보다 건조한 중서부 지역에서는 강가를 따라서만 이 나무가 자랐다. 나무들 사이는 먼지가 날리는 초원이었다.

유럽과 아시아의 툰드라대는 보다 넓었는데, 이는 점차 지평선에서 지평선으로 이어지는 아건조성의 넓은 초원으로 변해갔다. 프랑스 대서양

1) 옮긴이 주석: 클리맵(CLIMAP)이란 신생대의 고기후를 효율적으로 규명하기 위하여 여러 분과의 연구자들과 연구기관들이 연합을 이루었던 연구계획의 이름이다. 제15장에 그 시도와 추진에 대한 자세한 설명이 있다.

연안에서 시작한 이러한 초원은 중부 유럽을 지나 시베리아 동부까지 이어졌다.

원시 석기시대의 사냥꾼들은 툰드라를 가로질러 달리는 순록과 맘모스떼를 쫓아가다가 빙하[2]의 남단을 만나게 되었다. 사냥복을 뚫고 스며드는 추위와 얼굴로 휘몰아치는 북풍을 견뎌내야 했던 이 사냥꾼들은 먼 훗날의 자손들이 자기들과는 전혀 다른 기후의 세상에서 살게 되리라는 것을 생각이나 할 수 있었을까.

그러나 결국 빙하기는 끝이 났다. 약 14,000년 전부터 빙하가 물러나기 시작한 것이다. 7,000년을 걸치면서 빙하는 현재의 위치로 후퇴했다. 지금 북반구에 남아 있는 빙하는 그린란드와 캐나다 극지방에 산재한 몇 조각에 불과하다. 오늘날에 농부들이 옥수수를 경작하는 아이오와(Iowa) 주와 밀을 심는 다코타(Dakota) 주는 두께가 반마일이나 되는 빙하가 갈고 지나가던 자리이다. 그리고 삼림 우거진 지금의 유럽은 나무 없는 대지가 지평선까지 뻗히던 곳이었다.

빙하가 녹으며 물러나자 뒤에 남은 지형은 전혀 다른 모습이 되었다. 즉, 여기저기 빙하의 흔적들이 흩어진 지형으로 된 것이다. 북쪽에서 빙하는 대지 바닥을 긁으며 갈아서 깊은 홈통 같은 도랑을 만들어내는 한편, 갈아낸 조각들을 삼켰다. 이 조각들은 빙하 연변부로 운반된 후 빙력토(氷礫土, moraine)[3]라고 부르는 무질서한 범벅의 퇴적물로 쌓였다(그림 2).

∴

[2] 옮긴이 주석: 옮긴이는 원칙적으로 이 책에 나오는 glacier를 빙하(氷河), ice sheet를 빙원(氷原)이라고 번역했다. 전자는 큰 얼음 덩어리를 칭하는 단순 명사이며 후자는 극지방이나 산악지에 있는 방대한 빙하체를 지칭하는 말이다. 그러나 이를 특별히 구분할 필요가 없는 경우에는 모두 빙하라고 적었다.

[3] 옮긴이 주석: 옮긴이는 이 책에 나오는 moraine을 빙력토(氷礫土), drift를 표류토(漂流土), till을 빙퇴석(氷堆石)이라고 번역했다.

그림 2 메사추세츠 주 앤 곶(Cape Ann)의 빙하 퇴적물. 이는 빙하로 덮였던 곳에 나타나는 전형적인 지형이다. (데이나(J.D. Dana)에 의함, 1894.)

　빙하가 퇴각하자 이에 대한 인간의 기억은 사라져갔다. 석기시대 사냥꾼들이 활동하던 빙하세계가 금세 망각되는 것을 보면, 인종의 기억(racial memory)이라는 것이 있다면 그리 온전하지는 못하다는 것을 알 수 있다. 심지어는 갖가지 빙하의 단서들조차 그릇되게 해석되었다. 18세기의 지질학자들은 빙하가 남긴 퇴적물들이 성경에 나오는 대홍수로 운반되어 퇴적된 것이라고 생각했다. 19세기 초에 이르러서야 겨우 몇몇의 과학자들이 이러한 생각에 의문을 갖기 시작했다. 아무리 성령의 힘이라고 하더라도, 과연 홍수가 거대한 바위들을 수백 마일씩이나 이동시킬 수 있는 것인가? 아니라면 어떤 다른 힘이 존재하는 것인가?

제1부

빙하기를 발견하다

1
루이 아가시와 빙하기 이론

1837년 7월 26일 새벽 4시 15분, 사람들은 거의 모두 잠들어 훌륭한 마차들의 긴 행렬이 스위스 뇌샤텔(Neuchâtel)의 자갈길을 삐걱거리며 달리는 것을 알아채지 못했으리라. 네 마리의 백마가 끄는 맨 앞의 호화로운 마차에는 당대에 가장 존경받는 세 사람의 석학들이 타고 있었다.

흔들거리는 마차에서 기분이 언짢은 듯 바닥을 응시하고 있는 사람은 레오폴드 폰 부흐(Leopold von Buch)였는데, 헝클어진 회색 머리칼과 구부정한 골격은 그의 끝없는 에너지를 감추는 듯했다. 다른 사람은 장 뱁티스트 엘리 드 보몽(Jean Baptiste Elie de Beaumont)이었는데, 터무니없이 이른 시각에 시종(侍從)이 그를 깨웠음에도 불구하고 곧추 일어나 더 할 나위없이 멋들어진 의상을 차려 입고 있었다. 그는 스위스 평원을 가로질러 저 멀리 50마일 거리에 있는 눈 덮인 알프스(Alps) 봉우리들과 그 주변을, 그리고 보다 나지막한 유라(Jura)[4] 산들을 차갑게 응시하고 있었다. 마차 속의 세 번째 인물은 검은 머리에 호기심에 찬 밝은 눈매와 넓은 어깨를 가진 젊은이였다. 그는 창밖을 내다보면서 엘리 드 보몽의 자세야말로 흔들거리는 마차행렬 저 멀리 당당하게 우뚝 솟아 있는 알프스 봉우리들의 냉랭함에 필적한다고 마음속으로 뇌이고 있었다.

엘리 드 보몽의 냉담한 태도에 이 젊은이 루이 아가시(Louis Agassiz)의 마음은 편안하지 못했다. 머리가 빠르고 호기심이 많은 아가시로서는 엘리 드 보몽과 같은 학자가 유라 산맥을 횡단하는 이 특별한 여행의 의미를 놓치고 있다는 것이 이해되지 않았다.[5]

이틀 전 뇌샤텔에서는 스위스 자연과학회(Swiss Society of Natural Sciences) 연례 총회가 열렸는데 젊은 학회장인 루이 아가시는 학회의 저명 회원들이 기대하던 주제, 즉 최근에 멀리 브라질에서 발견한 어류 화석에 대한 이야기가 아닌 엉뚱한 것을 발표해서 동료 학자들을 놀래게 만들었다. 그것은 다름이 아니라 뇌샤텔 근처 여기저기에서 발견되는 면이 평탄하고 긁힌 자국이 있는 돌덩어리에 대해서였는데(그림 3), 아가시는 과거 빙하로써만이 이 전석(轉石, 원래 있던 자리로부터 엉뚱하게 멀리 떨어진 곳에서 나타나는 돌덩어리)의 존재가 설명된다고 주장했다.

이로써 지질학 역사상 가장 격렬한 논쟁이 시작되었고, 이러한 빙하 이론이 널리 받아들여지기까지는 그 후 4반세기의 시간이 흘러야 했다. 빙하기라는 개념은 사실상 아가시가 처음 내놓은 것은 아니었으나, 과학적으로 명확하지 못한 이 개념을 대중의 눈앞에 내놓은 것은 그의 논쟁 많은 이 발표(훗날 "뇌샤텔 강론(the Discourse of Neuchâtel)"이라고 부르게 됨)의 공헌이었다.

••

4) 옮긴이 주석: 알프스 현지의 발음을 따라 '유라'라고 했음.
5) 옮긴이 주석: 이 마차 여행에 관한 이야기는 이 제1장의 끝 부분에서 다시 나온다.

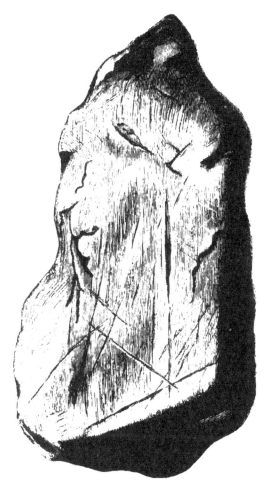

그림 3 유럽의 빙하 퇴적층에서 발견되는 긁힌 자국을 가진 돌. 이런 종류의 돌멩이들은 빙하지형 지대에서 흔하게 나타난다. (게이키(J. Geikie) 1877에 의함.)

아가시는 스위스 자연과학회의 회장이었기에 자신의 이론을 19세기의 학회 엘리트들에게 펼쳐 보이기에 유리한 입장이었다. 그렇기는 해도, 과거 한때 지구상의 상당 부분이 흘러 다니는 얼음으로 덮였었다는 이 놀라운 이론을 납득시키는 여정은 그가 오로지 혼자 걸어 나가야 하는 것이었다.

당대에 가장 저명하다는 학자들은 애초부터 이 이론을 거부하고 나섰다. 반면에 산악지대에 살며 일하고 일상으로 방대한 옛 빙하의 증거에 접하는 스위스인들은 오래 전부터 이를 사실로 인정하고 있었다. 그래서 스위스의 몇몇 유명 학자들과 자연 연구가들은 일찌감치 빙하기의 존재를 지지하는 쪽으로 나선 바도 있었다. 그러나 이들은 자신의 생각을 성공적으로 펼쳐내지는 못했다.

일찍이 1787년에 스위스의 장관인 베르나르트 프리더리히 쿤(Bernard Friederich Kuhn)은 국지적으로 발견되는 전석들이 옛 빙하의 증거라고 해석한 바 있었다. 7년 뒤에는 지질학의 아버지라고 불리는 스코틀랜드의 지질학자 제임스 허튼(James Hutton)이 유라 산지를 방문하고 쿤과 같은 결론을 내렸다. 1824년에는 옌스 에스마르크(Jens Esmark)가 한동안 노르웨이에서 빙하가 널리 퍼졌던 증거를 발견했다. 에스마르크의 견해는 독일의 자연과학 교수인 라인하르트 베른하르디(Reinhard Bernhardi)에게 알려졌는데, 그 또한 훗날 그런 증거를 발견했고 1832년에는 북극 빙하가 한때 유럽을 뒤덮으면서 남쪽으로 독일 중부까지 내려왔다는 논문을 내놓았다.

이처럼 빙하 이론의 초기 개척자들은 자신 스스로의 관찰과 추론을 통해 서로 독립적이면서도 일치되는 의견을 내놓았던 것이다. 그러나 당대에는 전석들이 대홍수의 산물이라는 생각이 깊숙이 뿌리박힌 실정이어서, 그들 아무도 이 혁명적인 생각을 널리 퍼뜨리지 못했다. 실로 이 고착된 생각을 떨어내기 위해서는 여러 위대한 과학자들이 25년에 걸치는 연대적 노력을 기울여야 했다.

당시처럼 종교가 지배하던 시대에는 과학자나 일반인 모두가 성서에 나오는 노아 홍수가 엄청난 물과 진흙으로 앞서와 같은 돌덩어리들을 운반한 것이 당연하다고 믿었다. 그러나 아가시가 1837년 스위스 자연과학회 총회에서 자신의 이론을 발표할 무렵에는 이런 생각이 다소 변화되어서 앞서 1833년에 영국의 대 지질학자 찰스 라이엘(Chales Lyell)이 제시했던 전석에 대한 설명이 받아들여졌다. 라이엘은 빙하표류설(氷河漂流說, ice-raft theory)이라는 것을 주장했는데, 이에 의하면 노아 대홍수 때 바위를 품은 빙산이 유빙(遊氷) 조각이 되어 떠다니면서 전석을 옮겼다는 것이다.

아가시가 뇌샤텔에서 빙하기 이론을 발표하게 된 것은 창조적 생각을 가진 사람들 그리고 운이 맞아 떨어진 여러 정황들의 덕분이라 하겠는데, 그 시초에 장-피에르 페로댕(Jean-Pierre Perraudin)이라는 스위스 알프스 남쪽 출신의 산악인이 있었다. 페로댕은 발 데 방(Val de Bagnes) 계곡의 로띠에(Loutier)에서 영양(羚羊)을 사냥해서 섀미(chamois) 가죽을 읽는 것을 생업으로 하고 있었다. 1815년에 벌써 페로댕은 자신의 관찰에 입각해서 현재 발 데 방 계곡의 남쪽 고지만을 덮고 있는 빙하가 과거에는 계곡 전체를 덮었다는 결론을 내렸다. 다음은 페로댕의 기록이다.

풍화되지 않은 단단한 바위에 긁힌 자국이 나있는 것을 오랫동안 보아온 나는 가까이서 빙하를 관찰하고 다음과 같은 결론에 이르렀다. 즉, 이 자국들은 바로 빙하의 무게와 압력 때문에 생긴 것이다. 이러한 흔적은 최소한 샹섹(Champsec)까지 이어진다. 따라서 과거에는 빙하가 발 데 방 계곡 전체를 덮었다고 생각할 수 있는 것이다. 이 말이 믿기지 않는 사람이 있다면 지금 빙하가 벗겨지면서 이와 똑같은 흔적이 드러나고 있는 곳을 보여 주겠다.

페로댕은 1815년에 자연 연구가 장 드 샤르팡티에(Jean de Charpentier)에게 이러한 생각을 전달했다. 샤르팡티에는 훗날 빙하기 이론의 주요 지지자가 된 사람이다. 한편 산악인 페로댕의 관찰에 감화된, 그러나 완전히 설복되지는 않은, 샤르팡티에는 다음과 같이 적었다.

> 페로댕은 빙하의 한계를 연장했다 [마르티니(Martigny)까지 오직 24마일]. 이 거리가 작은 것은 그가 더 이상 가보지 못했기 때문일 것이다. 그리고 또 나는 전석들이 물로써는 옮겨지기 어렵다는 점에서도 페로댕과 같은 의견이다. 그렇지만 그의 가설은 너무 특이하고 심지어 지나치기까지 하여 더 이상 검토하거나 생각해볼 의의가 없다고 본다.

그런데 그 후 3년이 흐르는 동안 페로댕은 드디어 이냐스 베네츠(Ignace Venetz)라는 동조자를 얻게 된다. 베네츠는 도로와 교량을 건설하는 사람이었는데 직업상의 일로 1815년부터 1818년까지 발 데 방 계곡에서 꽤나 긴 시간을 보내고 있었다. 그러는 동안 베네츠는 장-피에르 페로댕과 빙하에 대해 많은 이야기를 나누게 되었다. 이는 역사적이고 행운이 되는 만남이었다.

그런데 베네츠는 페로댕의 이론을 받아들이는 데 좀 더딘 편이었다. 1816년 베른(Bern)에서 열린 스위스 자연과학회 연례 총회에서 베네츠는 빙하 문제를 거론했는데, 단지 빙하의 이동에 대한 몇 가지 생각과 빙하 표면을 따라 어떻게 암석 부스러기들(moraines, 氷磧土)이 길쭉한 모양으로 집적되는가(그림 4)에 대한 이야기만 했다. 5년 뒤에도 베네츠는 빙하 이론에 연루되는 것을 주저했다. 1821년으로 된 한 보고서(1833년에 가서야 간행됨)에서 베네츠는 플레쉬 빙하(Flesch glacier) 말단부로부터 3마일이나 떨어진

그림 4 1840년 루이 아가시(Louis Agassiz)의 그림에 묘사된 스위스 알프스의 체르마트 빙하(Zermatt glacier). (카로치(A.V. Carozzi)로부터. 카로치와 뇌샤텔 대학교(University of Neuchâtel)의 허락에 의함.)

곳에서 암석 파편으로 된 몇 개의 능선을 발견했다고 적으면서, 이것이 옛날 빙하에 의해 생성된 빙력토라는 견해를 제시했다.

1829년에 가서야 베네츠는 페로댕으로부터 얻은 아이디어를 충분히 발전시켰다. 그해 그는 성 베나드 호스피스(Hospice of the St. Bernard)에서 열린 연례 학회에서 알프스로부터 한때 엄청난 빙하가 퍼져나와 스위스의 평원과 유라 지역을 넘어 유럽 다른 곳까지 덮었다는 결론을 내놓았다. 그는 이 이론의 근거로 전석 덩어리들과 빙력토의 분포 상황을 설명하는 한편, 이들이 지금 알프스 빙하에서 생성되는 것들과 유사하다고 비교해보였다.

베네츠의 거침없는 그러나 오랜 시간을 들인 설명에도 불구하고, 학회 참석자들은 베네츠의 이론을 단호히 거부하고 묵살했다. 그런데 이 이론의 진가를 알아보고 동조한 오직 한 사람이 있었다. 그 사람은 오랫동안 이냐스 베네츠를 알고 있는 장 드 샤르팡티에(Jean de Charpentier)라는 이였다. 드 샤르팡티에는 스위스 벡스(Bex)에 있는 한 암염광산의 사장이었는데 과학이나 자연 현상에 대해 활발한 관심을 가지고 있었다. 약 15년 전에 그는 이 이론을 부정했지만, 지금은 마치 회개하고 돌아온 탕아(the prodigal son)처럼 베네츠의 이론을 든든하게 받혀줄 자세를 취했다.

그 후 5년 동안 (1829-1833) 드 샤르팡티에는 옛 빙하의 문제를 밀고 나가는 데 있어서 엄청난 추론 능력을 발휘했다. 페로댕의 획기적인 착상을 처음 받아들인 사람은 베네츠였지만, 빙하기 이론을 뒷받침 하는 증거를 체계적으로 정리하고 분류함으로써 이 이론이 과학적 사실이라는 토양에 든든히 뿌리를 내리도록 한 사람은 드 샤르팡티에였다. 그런데 드 샤르팡티에는 순수 과학자인 탓에 빙하기 이론을 승리로 이끄는 데 필요한 특질인 공격성이나 인내력은 모자랐다. 당시 이 이론에 대한 저항이 강했던 만큼, 방어력도 그만큼 강력해야만 했는데 말이다.

당대의 저명한 과학자들은 라이엘이 주장하고 성경이 뒷받침하는 대홍수에 의한 빙하표류설에 확고하게 집착해 있던 반면, 여러 스위스인들은 오래전부터 빙하설을 인정하고 있었다. 이러한 당착이 드 샤르팡티에에게는 상당한 부담이었다. 그런 와중에 드 샤르팡티에는 1834년에 빙하 이론 발표하려고 루체른(Lucerne)의 학회로 가던 중 뜻밖의 지지자를 만났다.

하슬리(Hasli) 그리고 룽게른(Lungern) 계곡을 걷던 중 나는 메링엔(Meringen)에서 온 한 벌목꾼을 만났다. 우리는 이야기를 나누면서 한동안 같이 걸었다. 내가 길섶에 누워 있는 커다란 화강암 바위를 살펴보는데 이 벌목꾼은 이렇게 말하는 것이었다. "이 부근에는 그런 종류의 돌들이 많아요. 그것들은 저 멀리 그림셀(Grimsel)에서 왔지요. 왜냐하면 그것들은 가이스베르거(Geisberger) 화강암으로 되어 있는 데 이 근처 산에는 그런 것이 없거든요."

이 돌들이 어찌하여 여기까지 오게 된 것 같으냐고 내가 묻자, 그는 서슴없이 답했다. "그림셀 빙하가 그것들을 운반해서 이 계곡 양편에다 퇴적시킨 것이지요. 옛적에는 그림셀 빙하가 베른(Bern)까지 뻗쳤었거든요. 호수를 만들어 채우지 않는 한, 물이 그렇게 높이 퇴적시키지 못했을 테니까요."

이 착한 늙은이는 내 주머니 속에 자신의 가설을 지지하는 원고가 들어 있다는 사실을 꿈에도 모를 것이다. 내가 그의 지질학적 설명을 듣고 매우 흡족해하자, 그리고 옛 그림셀 빙하의 추억과 브루니히(Brunig) 바위의 보존을 기원하는 뜻에서 술값을 좀 건네주자 그는 적잖이 놀라는 것이었다.

이 벌목꾼의 건배에도 불구하고, 빙하 이론은 루체른 학회에서 또 한 차례 퇴짜를 맞았다. 그런데 청중 중에, 또한 빙하 이론을 거부하는 사람들 중에, 루이 아가시(Louis Agassiz)가 있었다.

아가시는 로잔(Lausanne)에서 학교를 다닐 때 드 샤르팡티에를 처음 만났다. 그가 자연 연구가가 되기로 한 것도 사실 드 샤르팡티에에 대한 존경심 때문이었다고 할 수 있다. 10년이 지난 오늘, 아가시는 유럽에서 앞서가는 학자가 되어 있다. 그는 드 샤르팡티에를 좋아하고 존경하기는 하지만, 첫눈으로 볼 때 빙하 이론은 수긍할 수가 없었다.

드 샤르팡티에의 집근처 벡스(Bex) 지역은 자랑할 만큼 다양한 화석과 지질학적 자료를 가진 곳이었다. 그래서 아가시가 흥미를 가지리라 여긴 연장자 드 샤르팡티에는 이 젊은 동료 과학자를 자주 집으로 초대했다. 드 샤르팡티에가 루체른 학회에서 빙하 이론을 발표한지 두 해가 지난 1836년에 아가시는 드 샤르팡티에의 초대로 벡스에서 여름을 보내고 있었다. 당시 아가시는 주로 어류 화석의 연구에 몰두해 있었다. 아가시는 다른 대다수 학자들처럼 라이엘의 빙하표류설을 믿는 바였지만, 동료 학자인 드 샤르팡티에가 빙하설의 증거라고 내세우는 것들이 어떤 것인지 한번 보는 것을 마다하지는 않았다. 사실 벡스로 올 때 아가시는 빙하설의 잘못된 점을 드 샤르팡티에에게 지적해줄 생각이었다. 그런데 이와 반대로 아가시가 자신의 생각을 빠르게 바꾸게 되었다.

드 샤르팡티에는 알프스 빙하가 한때 지금보다 훨씬 널리 뻗쳐 있었다는 것을 굳게 믿었다. 그렇지만 신사인 그는 자신의 생각을 논문으로 밀고 나가는 등 사람들이 널리 받아들이도록 애써야 하는 것이 과학자의 임무라고는 생각하지 않았다. 그는 언젠가 빙하설이 옳은 것으로 판정되리라고 믿는 바여서, 벡스로 그를 방문해오는 친구들과 동반자들에게 이 설에

그림 5 운터아르 빙하(Unteraar Glacier)에 서 있는 루이 아가시(Louis Agassiz)의 초상. 알프레드 베르트하우드(Alfred Berthoud)의 그림. 현재 뇌샤텔 대학교 도서관에 보존되어 있다. (카로치와 뇌샤텔 대학교의 허락에 의해 카로치(A.V. Carozzi) 1967로부터.)

연관된 여러 사실들을 들려주는 것만으로도 만족이었다. 페로댕이라는 평범한 사냥꾼의 관찰로 시작해서 이냐스 베네츠에 의해 발전되고 장 드 샤르팡티에가 체계화한 이 빙하설은 이제 드디어 루이 아가시(그림 5)라는 강력한 대변자를 만나게 되었다.

한번 전향하자 아가시는 빠르고 열정적으로 학습해나가기 시작했다. 드 샤르팡티에 그리고 베네츠와 함께 그는 디아블러레(Diableret)와 샤모니(Chamonyx) 계곡 그리고 론(Rhone) 계곡의 빙력토를 찾아갔다. 현장에서는 여러 증거들이 스스로 말해주는 바, 이번에는 아가시가 이를 들었다. 몇 주내에 아가시는 드 샤르팡티에와 베네츠가 가르쳐줄 만한 모든 것을 터득했다. 그렇게 아가시는 자신의 멘토들을 앞질러 나아갔다. 그들이 7년 이상 힘들여 모은 증거들을 가지고 아가시는 즉각 상세한 빙하 이론을 세웠다. 이 정도면 반대자들의 공격을 물리칠 수 있겠다는 믿음이 생겼다. 그런데 새 이론을 내놓겠다는 열정에 빠진 나머지 유감스럽게도 그는 드 샤르팡티에의 업적까지 사용하는 무례를 범했다. 세심하고 면밀한 드 샤르팡티에는 이것을 받아들이기가 어려웠다. 덧붙여서 아가시는 몇 가지 중요한 점에서 현존의 증거를 넘어서는 이야기를 했다.

열정에 빠진 그는 반대 의견을 과소평가했다. 아가시는 1837년 7월 24일에 뇌샤텔에서 열리는 스위스 자연과학회에서 발표할 원고를 전날 밤에 서둘러 썼으며, 돌아올 반응에 대해서도 소홀히 준비했다. 학회 회원들은 젊은 회장 아가시가 어류 화석에 대해 새로운 이야기를 들려줄 것으로 기대했다가 아주 다른 주제로 들어가자 놀라는 분위기였다.

바로 최근 나의 동료 학자들[드 샤르팡티에와 베네츠]은 당장에 그리고 앞으로도 상당한 반향을 일으킬 연구 결과를 내놓았습니다. 나는 오늘 우리가 만나고 있는 이 특별한 장소에 걸맞은 이 문제를 다시 거론하고자 합니다. 이는 우리 유라 산맥의 기슭을 조사해보면 풀리는 문제입니다. 내가 지금 이야기하려는 것은 빙하, 빙력토, 전석 덩어리들에 대해서 입니다.

아가시는 그 자신이 관찰한 것들 그리고 베네츠와 드 샤르팡티에가 관찰한 것들을 자세히 서술해나갔다. 그는 이 관찰된 사실들을 과거에 빙하 덩어리가 유라 산맥을 덮었던 증거라고 해석했다. 아울러 그는 이 빙하가 거대한 북극 빙하의 일부로서 북미 대륙의 상당 부분은 물론 지중해까지 이르는 유럽 전체를 덮었다고 했다. 그는 지구 역사상의 이 시기를 친구인 식물학자 카를 쉼퍼(Karl Schimper)의 용어를 빌려서 *빙하기(Eiszeit*[6])라고 불렀다. 빙하 덩어리는 알프스 산맥이 생기기 전부터 만들어진 것으로 여겨지는데 산맥이 생겨나자 유라 지역으로 밀려들었다는 것이다. 지금 관찰되는 전석 덩어리들과 광택나는 암석들은 당시 이곳이 빙하 덩어리가 지나간 길이었다는 사실을 말해준다고 했다(그림 6).

아가시의 빙하기 개념은 학회의 여러 청중들에게 충격이었다. 아가시의 "강론(講論, discourse)"은 당일 학회의 다른 일정을 혼란에 빠뜨릴 정도로 흥분을 불러왔다. 아만츠 그레슬리(Amanz Gressly)라고 하는 담력 약한 사람은 동요로 혼란된 나머지 준비해온 퇴적학 원고를 제대로 읽지 못할 정도였다. 한편 이 퇴적학 이론은 훗날 중요한 지질학 지식이 되었다.

아가시의 발표는 빙하기에 대한 찬반 양 진영의 감성을 강하게 흔들어놓은 점에서 성공이었다. 발표 후는 활발한 지질학 분과 토론이 벌어졌는

6) 옮긴이 주석: 원서에는 *Eizeit*로 되어 있는데 이는 *Eiszeit*의 오타이다. *Eiszeit*는 독일어이고 영어로 번역하면 ice age이며 한자로는 氷河期이다.

그림 6 스위스 뇌샤텔 인근에 있는 갈라서 광택이 나는 기반암. 루이 아가시(Louis Agassiz)가 1840년에 발표한 그림. 이가시는 홈이 파이고 광택이 나는 이 암석이 현 빙하로부터 수마일 떨어진 곳에서 나타나는데, 이는 옛날에 빙하가 있었다는 명확한 증거라고 주장했다. (카로치와 뇌샤텔 대학교의 허락에 의해 가로치(A.V. Carozzi) 1967로부터.)

데, 감정이 격해지고 날카로운 말들이 오갔다. 참석한 대부분의 학자들은 아가시의 말을 납득할 수 없다고 했다.

학회는 다음날까지 이어졌고, 아가시는 학회가 열린 뇌샤텔 인근 유라 산맥에서 자신이 관찰했던 증거들을 제시했다. 그는 또한 카를 쉼퍼의 이론을 보증한다고 천명했다. 그러나 반대는 역시 강렬했다. 엘리 드 보몽이 도착하자 이를 계기로 반대파들이 단결하여 대들었다.

아가시는 아무리 심한 반대자라도 결국에는 믿게 된다고 확신했다. 자기 자신도 암석에 새겨진 증거를 보고나서 그랬기 때문이다. 학회에서는 다음날 유라 산맥으로 답사 여행을 가기로 했다. 여행은 뇌샤텔에서 출발하여 유라 산맥의 심장부인 라 쇼데팡(La Chaux-de-Fonds)까지 마차로 가는 것이었는데[7], 좀 서둘러 준비되었다. 다음은 이 여행을 흥미롭게 보았던 한 참가자의 후기이다.

답사를 이끄는 학자들과 한농안 같이 시내면서 내가 확실히 느낀 것은 양쪽 사이에 대단한 자기주의와 질투가 존재한다는 것이었다. 답사 여행 내내 엘리 드 보몽은 얼음처럼 차가웠다. 레오폴드 폰 부흐는 눈을 땅에다 대고 바로 앞서 나가면서 한 영국인에게 우리가 지금 유라 산맥에 있는 데 왜 엘리 드 보몽하고 피레네 산맥 이야기를 하고 있냐고 볼멘소리로 중얼거렸다. 또한 그는 답사를 따라온 몇 아마추어들이 어리석은 말을 하자 공격적으로 불만을 표출했다. 아가시는 자신의 빙하기 가설에 대한 폰 부흐의 강한 비판을 아직도 마음에서 삭이지 못한 듯 보였는데, 출발하자마자 곧바로 일행을 떠나서 저 멀리 선두에서 혼자 걸어갔다. …

7) 옮긴이 주석: 이 책 제1장 맨 처음의 마차 출발 장면이 여기에 해당한다.

도처에 빙하의 증거가 널려 있는 데도 이에 무심한 일행들에게 아가시는 화가 났다. 지친 말들을 이끌고 험한 길을 견뎌내며 산속으로 들어가는 이 긴 여행이 결국 아무런 의미가 없는 것 같아 그는 섭섭했으리라.

그러나 그렇게 생각했다면 그건 잘못 생각한 것이다. 왜냐하면 그의 "강론"이나 야외 답사 여행 그리고 1840년에 간행한 그의 기념비적 대작 "빙하에 관한 연구 (Studies on Glaciers)" 이 모든 것들이 결국에 가서는 고기 빙하기에 대한 과학계의 관심을 이끌어내는 데 한 몫을 했기 때문이다. 좀 과장으로 느껴질지 모르겠으나 1837년에 아가시가 뇌샤텔에서 행한 용기 있는 발표는 이런 점에서 중요한 역할을 했다. 즉, 반대자들이 비록 격렬하게 공격하기는 했지만, 빙하기 이론을 더 이상 도외시 할 수 없게 만든 것이다.

유럽을 이끄는 학자들의 격렬한 비판에도 불구하고, 아가시는 뇌샤텔 학회 이후에도 옛 빙하에 대한 연구를 계속했다. 1837년 겨울에 알렉산더 폰 훔볼트(Alexander von Humboldt)는 아가시에게 그동안 해오던 어류 화석 연구로 돌아갈 것을 권유했다. "그렇게 하는 것이 지질학의 긍정적 발전에 당신이 더 기여하는 것입니다. 옛 세계를 혁명하려는[8] 일반론적인[9] (게다가 얼음[10]같이 다소 미끄러지기 쉬운[11]) 고찰은 그것을 만들어낸 사람[12]이나 확신시켜 줄 뿐이라는 것을 당신도 잘 알고 계시지 않습니까."

아가시가 터무니없는 공상을 한 것이 아니고, 정말 최초로 진리를 알아

••
8) 옮긴이 주석: 옛날에 빙하기가 있었다는 혁명적 생각을 관철하려는.
9) 옮긴이 주석: 반대 의견을 철저히 설복시키지 못하고 개괄적이고 막연한.
10) 옮긴이 주석: 여기서 얼음(ice)은 빙하(glacier)를 빗대어 하는 말이다.
11) 옮긴이 주석: 주장이 위태로운, 실패하기 쉬운.
12) 옮긴이 주석: 결국 아가시 자신이라는 말.

낸 것이라는 사실을 폰 훔볼트가 인정하게 되려면 수년의 시간이 흘러야 할 것이다. 그러니 지금 아가시가 할 일은 폰 훔볼트 대신 다른 학자들에게 지구에 정말로 빙하기가 왔었다는 것을 확신시켜주는 일인 것이다.

2
빙하기 이론의 승리

아가시(Louise Agassiz)의 도전적인 상상력과 과감한 단언, 박력 있는 서술 방식은 널리 청중들의 관심을 이끌어내기에 충분했다. 다음과 같은 그의 문장은 시대를 막론하여 관심을 이끌어 낼만하다.

빙하가 이렇게 널리 퍼지자 지구상의 모든 생명들은 몰락했다. 평원과 호수 그리고 바다와 초원을 가로지르는 방대한 빙하가 열대식물들이 무성히 자라고 거대한 코끼리 무리와 덩치 큰 하마 그리고 웅장한 육식동물들이 거니는 유럽 땅 전부를 순식간에 덮쳤다. 그리고는 죽음의 적막이 찾아들었다…. 샘물은 마르고 개천도 흐름을 멈췄다. 저 얼어붙은 해안에서 솟아오른 태양의 빛줄기는 북풍의 휘파람과 만나고, 드넓은 얼음 바다의 갈라진 틈바귀마다 바람소리가 울려났다.

엄청난 변혁으로 지구상의 생명들이 말살됐다는 생각은 이것이 처음은 아니었다. 지구의 역사는 몇 개의 시대[13]로 나뉘는데, 이들 각 시대는 강력한 힘이 작용하여 퇴적층과 암석을 변형시키고, 엄청난 홍수를 일으키고, 산맥을 솟아나게 하고, 또 지구상의 모든 식물과 동물계를 파괴하는 격렬한 변혁으로 끝이 났다는 것이 널리 통용되는 생각이다. 새 시대가 시작되면 황폐화된 세상에 새로운 생명이 출현하여 다음번 격변 때까지 대를 이어간다고 사람들은 믿었다.

이러한 격변설(激變說, catastrophism)은 18세기와 19세기를 지배하던 지질학적 철학관이었는데 지질학자들이 발굴해낸 동물들의 화석으로써 잘 설명되었다. 이 개념은 구약에 있는 신의 말씀을 위배하지 않으면서도 화석의 기록을 잘 설명해주기에 무너뜨릴 수 없는 사실로 인정되어왔다.

학자나 일반인 모두는 당연히 지난 시대가 노아 방주 속의 동물들을 제외한 모든 생명들이 홍수로 멸망하는 물의 변혁으로써 끝이 나고 그 후 오늘의 새 세계가 시작되었다고 여기고 있었다. 예를 들어 1706년에 뉴욕 주 올바니(Albany) 근처의 한 이탄 늪에서 커다란 코끼리류(mastodon) 이빨 화석이 발굴되었는데 이것은 노아 홍수 이전에 살던 죄 많고 운 나쁜 사람의 치아 화석이라고 감정되었다. 메사추세츠 주지사 더들리(Dudley)는 이 화석을 감정한 후 보스톤의 목사 코튼 매더(Cotton Mather)에게 이를 보냈다.

마을의 모든 외과의사들이 이를 살펴본 것으로 아는 데, 나는 이것이 분명 사람의 치아라고 확신합니다. 크기를 재보니 바로 세우면 높이가 6인치

••
13) 옮긴이 주석: 고생대(古生代, Paleozoic), 중생대(中生代, Mesozoic), 신생대(新生代, Cenozoic) 등의 지질시대(Era, 代)를 말한다.

이고 둘레는 13인치인데 저울로 무게를 달아보니 트로이 단위(Troy weight)로 2파운드 4온스 이었습니다. … 나는 이것이 사람의 치아와 완전히 일치하며 사망의 원인이 대홍수라고 확신합니다. 이 사람은 최선을 다해 물 위로 머리를 유지하여 나아갔음이 틀림없겠으나 결국에는 다른 생물들과 운명을 같이했지요. 홍수 후는 새 퇴적물이 그를 덮었고, 결국 오늘날 우리가 그를 발견하게 된 것입니다.

그리고 20년이 지난 후 스위스에서는 요한 쇼이흐쳐(Johan Scheuchzer)라는 이가 옛 호수 자리에서 일련의 화석 뼈를 발견한 일이 있었다. 그는 이것들이 대홍수로 사망한 사람들의 뼈라는 결론을 내리고 "*대홍수를 목격한 사람 (Homo diluvii testis)*"이라는 책을 쓰기도 했다. 그 후 거의 한 세기가 지나고 나서야 프랑스의 대 해부학자 죠르주 큐비에(George Cuvier) 남작이 그것은 멸종한 거대 도롱뇽의 뼈라고 정확한 감정을 내렸다.

아가시 자신도 과거에 살았다고 믿어지는 화석 생물과 물고기들의 모습을 놀랍도록 상세하게 그려 보이면서 격변설을 발전시켜나갔다. 격변을 일으킨 것이 홍수가 아니라 빙하였다고 한 점에서 아가시는 과거의 고정관념에 도전한 셈이지만 대변혁이 있었다는 믿음 자체는 버리지 않았다.

영국에는 홍수설을 강력하게 지지하는 윌리엄 벅랜드(William Buckland)라는 목사가 있었는데 아가시가 잘 설득하면 중요한 협력자가 될 만한 사람이었다. 그는 1820년부터 옥스퍼드(Oxford) 대학교에서 광물학 및 지질학 교수직을 맡고 있는 영국에서 가장 존경받는 지질학자였다. 그 역시 아가시처럼 강의에 재주가 있어서 어디에서건 말만 하면 센세이션이 일어났다. 여러 방면의 괴짜들이 모인 것으로 이름난 옥스퍼드 대학교 학내에서 조차 벅랜드는 강한 개성과 기이한 행동으로 주목을 끌고 있었다. 그의 강의실에는 암석, 해골, 뼈들이 천장까지 빼곡히 차 있어서 학 내에서 온통 유명했다. 벅랜드는 가능한 한 교실에서 나와서 자연 그대로의 지질학적 상황들을 관찰하는 것이 중요하다고 믿는 사람이었다. 이러한 야외 조사 때면 그는 항상 학술가운을 입고 깔끔한 실크모자를 쓰는데[14], 필경 이것이 그를 캠퍼스의 유명인사로 만들었으리라. 기인적 행동에도 불구하고 그는 연구에 열중해서 매우 존경받는 학자였다. 찰스 라이엘을 비롯한 영국을 이끄는 대부분의 지질학자들 모두가 스스로를 벅랜드의 제자라고 칭했다.

벅랜드는 열렬한 격변론자였다. 옥스퍼드 대학교 취임강의인 "*지질학과 종교의 연관성을 설명함 (The Connextion of Geology with Religion Explained)*"에서 그는 지질학의 목표에 관한 소신을 "자연에서 종교의 증거를 확인하는 것, 그리고 지질학에서 알아낸 사실들이 모세의 창조와 대홍수에 관한 기록과 일치함을 보이는 것"이라고 밝혔다. 그는 또한 영국 도처에서 기반암을 덮고 있는, 자갈과 모래와 진흙 그리고 거대한 바위들로 구성된 불규칙한 집적물들을 많은 시간을 들여 연구한 최초의 과학자였다. 벅랜드의 목표는 이 카오스적 모습의 퇴적물들이 도대체 어떻게 생성되었는지 확실하게 알아내는 것이었다. 심정적으로 그는 홍수가 이러한 퇴적물을 남겨놓았음을 의심하지 않았지만, 그래도 아직 대답해야 할 것들이 많이 남아있었다.

정확히 어떻게 홍수가 이 많은 돌조각들을 운반했을까? 벅랜드는 홍수 때 물 자체만으로도 이 홍적층(洪積層, diluvium, 홍수설을 믿는 사람들이 쓰는 용어)의 생성이 가능하다는 기존의 생각에 동조하고 있었다. 그가 홍수

••
14) 옮긴이 주석: 그림 8 참조.

에 기대는 이유는 성서의 기록과 잘 일치하기 때문이었다. 또 그는 퇴적물 자체가 지닌 증거 또한 성서의 기록을 뒷받침한다고 확신했다.

1821년에는 피커링(Pickering) 계곡에서 이상한 뼈가 다량 발견되었다. 소식을 들은 벅랜드는 이를 연구하고자 즉각 요크셔(Yorkshire)로 갔다. 대부분은 하이에나의 뼈였는데 그밖에 새, 사자, 호랑이, 코끼리, 코뿔소, 하마, 등 23종에 이르는 다른 뼈들도 함께 섞여 있었다.

벅랜드의 결론은 하이에나가 살던 동굴이 노아 홍수로 물속에 잠기게 되었다는 것이다. 뼈들이 잔모래에 잠겨 있는 것으로 보아 동물들은 익사했다고 벅랜드는 주장했다. 홍수 후 동굴 바닥에서 자라 올라온 석순(石筍)의 크기로 미루어보아 홍수는 5,000년이나 6,000년 전에 일어났다는 데, 벅랜드의 말로는 이 연령이 성서의 계보 기록과 딱 들어맞는다는 것이다.

벅랜드는 이 발견을 더럼(Durham) 주교에게 헌정하는 책 "홍수의 흔적; 범세계적 대홍수를 입증하는 동굴과 지반균열 및 홍수자갈에 들어 있는 유기체들 그리고 기타 지실학석 현상들에 관한 고칠 (Reliquiae Diluvianae; Observation on the Organic Remains Contained in Caves, Fissures, and Diluvial Gravel, and on Other Geological Phenomena, Attesting the Action of an Universal Deluge)"(1823)에 기술했다. 이 기념비적 저술에는 영국으로부터 유럽에 걸친 스무 개 이상의 동굴에 대한 벅랜드의 연구 결과도 들어 있었다. 이 책으로 벅랜드는 왕립협회의 코플리 메달(Royal Society's Copley Medal)을 획득했고 지질학계의 유명인사가 되었다.

벅랜드는 홍수 이전 시대의 동굴에서 사람의 흔적이 나타나지 않는 점으로 보아 사람이 생겨난 것은 아주 최근의 일이라고 결론지었다. 그런데 웨일즈(Wales)의 남쪽 해안 파빌랜드(Paviland)의 한 동굴 퇴적물에서 녹물처럼 빨간 주홍색 염색에 상아 조각으로 치장한 여자 해골이 발견되었다는 다소 충격적인 소식이 전해졌다. 많은 사람들이 볼 때, 이 해골의 출현은 대홍수설의 근간에 정면으로 대치되는 것이었다.

벅랜드는 이 해골이 퇴적층의 맨 위층에 들어 있다는 사실을 강조했다. 또한 그는 로마시대 야영지 바로 옆의 옛 흔적에서 이 해골이 나온 정황을 설명할 단서를 찾을 수 있을 것이라고 지적했다. 여러 가지 궁리 그리고 인정받지 못함을 우려하는 주저 끝에 벅랜드는 다음과 같은 결론을 내놓았다. "동굴 바로 위의 언덕에 영국군 부대가 주둔하던 상황을 알아낸다면, 이 문제 여인의 정체와 시대를 알 수 있을 것이다. 직업이 무엇이든 이 여인에게는 부대 근처에 살아야 할 동기가 있었으며 그것이 생계의 수단이었으리라. 오늘날 이곳은 나무도 없이 헐벗고 외떨어져 사람들이 모여들지 않겠지만 말이다."

그런데 홍적층에 나타난 다른 양상들은 이 주홍색 여자 해골과는 달리 쉽사리 설명하기가 어려웠다. 그중 제일 어려운 것은 커다란 전석(轉石)들인데, 집채만 한 것들이 다수이고 원래의 위치로부터 수백 마일씩이나 옮겨온 것들이었다(그림 7). 그 외에도 퇴적층 자체가 분급(分級)[15]이 불량한 점, 그리고 그 아래 기반암이 긁혀있고 홈이 파인 점이 수수께끼였다.

일부 격변론자들은 이런 현상이 유례없는 큰 파도로 생겨날 수 있다는 주장을 했다. 케임브리지(Cambridge) 대학교 수학자들은 이와 같은 "변위파도(waves of translation)"의 파도 역학에 대해 속도와 깊이를 계산하는 등 면밀하게 분석하여 학술지에 발표했다.

다른 한편의 지질학자들은 파도가 이렇게 거대한 전석을 옮길 수 있다고 믿지 않았다. 대신에 그들은 찰스 라이엘의 영향력 있는 저서 "지질학

----

15) 옮긴이 주석: 분급(分級, sorting)이란 입자들이 굵기 별로 분리된 상태를 말한다.

그림 7 스코틀랜드에 있는 커다란 전석(轉石). 이 전석은 근원지로 추정되는 기반암으로부터 수마일이나 떨어져 나타난다. 아가시는 이것을 빙하기 동안의 빙하작용에 의한 것으로 보았다. (게이키(J. Geikie) 1894에 의함.)

원론 (*Principles of Geology*)" 1833년판에 제시된 홍수 이론을 신봉했다. 라이엘에 의하면 이 전석들은 단순히 빙산 속에 얼어붙어 있다가 점차적으로 오늘날의 엉뚱한 위치로 이동되었다고 했다. 이 빙산표류설(iceberg theory)[16]은 전지구적 홍수의 개념을 포함하는 데, 이를 열렬히 지지하는 사람들은 운반된 방법을 함축하여 "표류토(漂流土, drift)"라고 이 퇴적층을 불렀다.

빙산설을 뒷받침하는 추가적인 근거는 북극과 남극을 탐험한 사람들의 보고서에도 있다. 찰스 다윈(Chales Darwin)이 쓴 비글호(*Beagle*) "항해일지

16) 옮긴이 주석: 원문에는 "iceberg theory"(빙산설)로 나와 있으나 "빙산표류설"이 옳은 뜻이겠다. 몇 줄 아래는 "iceberg-drift theory"로 되어 있다.

(*Journal*)"(1839)의 그림을 보면 그가 바로 남반구 바다에서 전석들을 품은 빙산을 봤다는 것을 알 수 있다.

그러나 벅랜드는 나타난 모든 증거들이 라이엘의 빙산표류설(iceberg-drift theory)로도 그리고 고전적 홍수설로도 설명되지 않는다는 것을 누구보다도 일찍 깨달았다. 예를 들어 산지에 퇴적되어 있는 표류토를 설명하려면 해수면이 5,000피트 이상 올라가야 하는데, 이 물은 다 어디서 왔단 말인가? 그리고 또 이 물이 지금은 어디로 다 갔단 말인가? 이러한 물음에 대한 답을 찾으려는 필사적 노력으로 홍수론자들은 불편한 진실의 속박을 벗어나서 이리 뛰고 저리 뛰는 상상을 했다. 즉, 물이 지하 저수지에서 솟아나 갑자기 텅 빈 동굴 속으로 사라진다. 자전축을 중심으로 끄덕거리며 돌아가는(wobbling) 지구가 조석을 야기해서 물이 높은 산지를 휩쓸며 넘어간다. 아니면 거대한 혜성이 지구 표면을 스쳐지나가면서 인류가 생전 본 적 없는 엄청난 규모의 물의 요동을 일으킨다.

라이엘의 이론 자체로는 이 "해수면 문제"를 해소하지 못하지만, 보완하면 높은 고지에 나타나는 표류토의 설명이 가능하다. 예를 들어 유라 산맥에 나타나는 전석을 설명하기 위해 라이엘은 바다에 떠다니는 빙산 대신에 커다란 호수 위의 얼음 뗏목을 상정했다. 이런 호수들은 지진이나 산사태로 강이 막히면서 만들어지는 수가 있다.

벅랜드의 일지를 보면 그가 홍수론자나 빙산론자 그 어느 쪽의 답에도 완전하게 만족하지 못했다는 것을 알 수 있다. 그는 표류토에 대한 모든 것을 설명할 수단을 계속 찾았다. 그러던 중 1838년 9월에 독일 프라이부르크(Freiburg)에서 열린 독일 자연연구가 연맹(The Association of German Naturalists)에 참석하게 되었다. 그는 거기서 친구인 루이 아가시가 1년 전에 뇌샤텔에서 처음으로 발표했던 자신의 빙하 이론을 여러 가지 논증으로 강력하게 뒷받침 해나가는 것을 들었다. 벅랜드는 아가시의 급진적 이론에 대한 소문을 들은 바 있었기에 그 증거를 직접 알아보고자 프라이부르크로 온 참이었다.

학회를 마치고 벅랜드는 아내와 함께 뇌샤텔로 향했다. 바로 얼마 전 아가시가 빙하기 이론에 대해 확고한 신념을 가지게 된 그 산으로 말이다. 이 여행에는 다른 두 사람의 동행이 있었다. 그중 하나가 아가시였는데, 한편으로 그는 큰 영향력을 가진 벅랜드의 생각을 바꾸어 놓을 좋은 기회라는 생각에 들떠 있었다. 또 다른 사람은 카니노(Canino)가의 왕자이며 프랑스의 전 황제 나폴레옹(Napoleon)의 형제인 샤를 루시앙 보나파르트(Charles Lucien Bonaparte)였다. 샤를은 자연사에 열정적 관심을 가진 재력가였는데, 1815년 프랑스가 워털루(Waterloo)에서 패전한 이후에는 오로지 자연사에만 몰두하고 있었다.

벅랜드가 아가시와 함께하는 이 여행을 계획한 것은 과학적인 측면 말고도 개인적인 이유도 있었다. 스위스의 자연연구가인 아가시가 몇 년 전에 어류 화석을 연구하러 영국에 왔었는데, 벅랜드 부부는 자기 집에 그가 머물도록 호의를 제공한 바 있었다. 그때 세 사람은 금방 친구가 되었다. 지금 벅랜드 부부는 뇌샤텔로 아가시의 젊은 부인 세실(Cecile)을 만나러 간다는 기쁨과 기대에 차 있다.

산맥을 가로질러 뇌샤텔로 가는 길에 벅랜드의 마음은 바빴으리라. 친구 아가시가 어떤 증거를 보여주면서 빙하 이론에 대해 설득할 것인가? 일행은 곧바로 뇌샤텔 근처의 산속으로 들어갔다. 아가시는 안내하면서 빙하의 증거들을 보여주었다. 아가시는 지금 이것들 스스로가 빙하 이론을 천명하고 있다고 믿는 바였지만, 벅랜드는 설득되지 않고 딱딱할 뿐이었다. 결국 아가시는 일행을 알프스 산맥 속까지 데리고 갔다. 거기서 살아 있는 빙하를 보면 벅랜드 교수가 설득되리라는 희망에서였다. 벅랜드는 인정하는 듯했는데, 그것은 아주 잠깐이었다. 훗날 벅랜드 부인이 아가시의 친절에 대해 감사하는 편지를 보냈다. 거기에는 다음과 같은 글이 덧붙어 있었다. "하지만 벅랜드 박사께서는 동의와는 거리가 멀었습니다." 보아하건대 알프스의 암석들이 보여주는 증거와 아가시의 압도적 존재가 눈에서 사라지자 벅랜드는 다시 다른 생각을 한 것 같다.

벅랜드 교수는 널리 존경받는 학자였기에, 일이 이렇게 돌아간 것이 아가시에게는 실망이었다. 만약 확신으로 돌아서주었다면 마치 기독교에 대한 콘스탄티누스 황제(Emperor Constantine)의 경우처럼[17] 옥스퍼드 지질학자들[18]이 빙하 이론에서 중요한 역할을 했을 터인데. 그런데 당시 아가시는 알지 못했겠지만, 사실인 즉 오래 기다릴 필요가 없었다. 즉, 1840년 가을에 아가시 편으로 조류(潮流)가 돌아가기 시작한 것이다.

중요한 계기는 1840년 여름에 아가시가 어류 화석을 연구하려는 주된 목적으로 영국으로 갔던 일이었다. 9월에 그는 글래스고(Glasgow)에서 열린 영국 과학진흥협회(British Association for the Advancement of Science)의 연례 총회에 참석했다. 여기서 그는 빙하 이론을 요약한 논문을 발표하면서 또다시 강조했다. "북유럽 전역 그리고 아시아 및 북미 대륙 북부가 얼음덩어리에 묻혔던 시대가 있었다."

예상대로 대부분 청중의 반응은 부정적이었다. 반대파의 선봉에는 영국의 저명한 지질학자 찰스 라이엘이 있었다. 벅랜드는 말없이 있었는데 그

..

17) 옮긴이 주석: AD 313년 로마의 콘스탄티누스 황제는 밀라노 칙령을 내려 기독교를 공인하였고 이로써 가톨릭 로마체제가 시작되었다.
18) 옮긴이 주석: 벅랜드는 높은 존경과 넓은 영향력을 가진 옥스퍼드 대학교 교수였기에.

이유는 명확치 않다. 그러나 그의 일지를 보면 근래에 빙하 이론의 관점에서 여러 증거들을 재검토하고 있었음이 명백했다. 아가시가 두 해 전에 뿌린 씨앗이 이제 싹틀 시간이 된 것일까, 아니면 성 바오로(Saint Paul)처럼 눈부신 섬광 속에 벅랜드가 개종하게 된 것일까. 어쨌든 학회가 끝나자 벅랜드는 유명한 지질학자 로더릭 임피 머치슨(Roderick Impey Murchison)과 함께 표류토 연구를 위하여 북잉글랜드와 스코틀랜드로 떠나는 답사 여행에 아가시를 초대했다. 바로 이 여행에서 벅랜드는 결국 자기 친구인 아가시가 그토록 충실히 수호해온 이론이 옳다는 확신을 가지게 되었다. 하룻밤 사이에 벅랜드는 빙하설로 개종한 영국의 첫 주요 인사가 되었다. (하지만 머치슨은 공감하지 않았고 일생에 걸쳐서 빙산 표류설을 강하게 주장했다.)

전향자로서 벅랜드가 한 첫 번째 일은 과학의 복음을 찰스 라이엘에게 들려주는 것이었다. 그는 이것을 의외로 일찍 해냈다. 10월 15일에 그는 아가시에게 다음과 같이 의기양양하게 적었다. "라이엘이 그대의 의견을 통째로 받아들였네!!! 그의 부친 집에서 2마일도 뇌지 않은 곳에서 근사한 빙퇴석 무리를 보여주었더니, 그는 일생 동안 황당해하던 난제가 풀렸다면서 즉석에서 받아들였다네."

빙하기 이론은 제철을 맞게 되었다. 라이엘은 지체 없이 "포파셔에 있는 옛 빙하에 대한 지질학적 증거에 대하여(On the Geological Evidence of the Former Existence of Glaciers in Forfarshire)"라는 강의를 준비해서, 11월에 런던 지질학회(Geological Society of London)에서 발표했다. 아가시 자신도 "빙하 그리고 그것이 옛날에 스코틀랜드, 아일랜드, 잉글랜드에 있었다는 증거(Glaciers and the Evidence of their having Once Existed in Scotland, Ireland, and England)"라는 논문을 발표했다. 아울러 벅랜드는 "스코틀랜드 그리고 잉글랜드 북부에서의 빙하 증거(Evidence of Glaciers in Scotland

and the North of England)"라는 논문을 발표하면서 빙하 이론을 지원하고 나섰다.

이렇게 국제적으로 저명한 지질학자 트리오가 빙하기 이론으로의 개종을 외치고 나섰으니 반대파들이 와해됐다고 생각할 수 있으리라. 그러나 사실은 달랐다. 학회에 모인 과학자들의 일반적인 의견은 상당히 부정적이었다. 그래서 아가시와 벅랜드가 연설을 끝내자 뜨거운 논쟁이 일어났다. 다음은 벅랜드가 논쟁을 마칠 때의 상황을 한 학회참석자가 묘사한 것이다.

이제 곧 (시간은 오후 12시가 되기 15분전 이었다) 차 한 잔 마실 수 있겠다는 희망으로 들뜬 학회 군중들 사이에서, 이 학식 높은 박사[19]는 날카로운 비평과 고고(考古)적 말씀을 쏟아내고 있다. … 이에 격앙된 학회 군중들 틈에서 그[20]는 승리의 표정과 목소리를 다해 반대자들에게 연설하고 있는 중인데 …, 이 반대자들은 빙하 산맥에 나타난 긁힌 자국과 파인 홈 그리고 광택 나는 표면이라는 정통적 증거들을 감히 의심하고 있다니 … 그것은 가려운 데를 긁지 못하며 영원히 참아야 하는 고통이었다.

종교에서처럼 과학에서도 새로운 개종자의 믿음이 더 큰 법이다. 한 달도 채 안 된 지난번 글래스고 학회에서는 아가시가 자신의 이론을 열심히 설명해나가는 동안 벅랜드는 박수 없이 두 손을 모은 채 있었는데, 이번 런던 학회에서 보인 그의 이 '뒤로 돌앗'식 전향적 자세는 눈에 띄지 않을

∙∙
19) 옮긴이 주석: 벅랜드 박사.
20) 옮긴이 주석: 벅랜드 박사.

그림 8 존경받는 목사이자 교수님인 벅랜드(Buckland)가 "빙하론자"로 무장하고 있다. 당대에 토머스 스톱위드(Thomas Stopwith)가 그린 만화. 빙하를 연구하기 위해 그는 훌륭하게 갖추고 긁힌 자국이 난 기반암에 서 있다. 원래의 그림에는 그의 발치에 놓인 암석 시료 각각에 다음과 같은 말이 적혀 있었다. "인간창조 3만3천3백3십년 전에 빙하에 의해 긁히다." 그리고 "그저께 워털루 다리를 지나간 마차바퀴에 긁히다." 그런데 이 그림은 아키발트 게이키(Archibald Geikie)가 친구를 존경하는 마음에서 이러한 말들을 삭제한 것이다. (게이키(A. Geikie) 1875로부터.)

수 없었다. 당시 유행하던 만화를 보면 이 옥스퍼드 교수는 관복과 지질학 도구로 완전무장하고 긁힌 자국과 깊이 파진 자국이 나 있는 기반암 위에 서있는 모습으로 나온다(그림 8). 교수의 발치에 놓인 두 개의 암석에는 각각 이렇게 쓰여 있다. "인간창조 3만3천3백3십년 전에 빙하에 의해 긁히다." "그저께 워털루 다리를 지나간 마차바퀴에 긁히다."

대중매체의 익살스러운 풍자와 영국 지질학회(Geological Society) 회원들의 거스르는 반응에도 불구하고, 영국의 모든 지질학자들이 아가시의 이론 쪽으로 기울어지는 시기가 다가오고 있었다. 다음해인 1841년 동료인 에드워드 포브스(Edward Forbes)가 아가시에게 다음과 같은 편지를 보냈다. "자네는 여기 우리 모두를 빙하에 미치게 만들었네. 그래서 사람들은 영국을 얼음집으로 만들고 있다네. 한 둘의 사이비 지질학자들이 자네 이론에 대해 아주 우습고 말이 안 되는 반대를 하고는 있지만 말일세." 포브스의 이 말은 꽤 낙관적으로 들린다. 그러나 영국 지질학자들 대부분이 빙하기 이론을 인정하게 되기까지는 20년이라는 시간이 더 필요했다.

지금 보면 자명해 보이는 이 이론이 100년 전에는 왜 그리 많은 저항을 받았을까? 이 이론을 수용하는 데 주저하게 만든 것은 새로운 생각에 자연적으로 따라붙는 저항이라는 측면이 있다. 특히, 새 생각이 오랫동안 믿어온 과학의 원리나 종교적 신념에 반한다면 말이다. 과학적 정통성에 비해 종교적 신념이라는 요소는 아마 덜 했겠지만, 아가시의 새 이론은 이 두 가지 모두에 대한 도전이었다.

우선 지질학자들은 과거 여러 시대에 걸쳐 육지보다 바다가 넓었다는 데 대해 논의의 여지가 없는 증거를 가지고 있다. 어느 대륙에서건 나타나는 어류나 조개 화석은 이에 대한 충분한 증거다. 라이엘의 교과서는 모든 쪽마다 이러한 해침(海浸)을 설명하고 그 지리적 범위를 규정하는 데 전념

하고 있다. 그래서 이 일반적이고 친숙한 원리를 자연스럽게 확장하여 빙하 표류토(drift)가 특별히 강한 홍수의 산물이라고 생각했던 것이다.

그런데 사실인즉 표류토에서는 해양생물 화석이 거의 나오지 않아서, 연구자들은 이것이 해양기원이라는 데 의심을 가지고 있었다. 그런데 실제로 완벽히 나오지 않았더라면 빙하 이론이 좀더 일찍 받아들여졌을 텐데, 불행히도 해양생물 화석을 가진 "패각 표류토"라는 것이 몇 군데 나와서 아가시와 같은 빙하론자들에게 가시가 되었다. 사실 이 패각 표류토는 뉴잉글랜드의 현 해안선, 독일, 스코틀랜드 및 잉글랜드의 북부 지역 몇 곳에서 나오는 정도일 뿐이고 실제 그리 널리 나타나지는 않는다. 그래도 나오기는 나오는 것이다. 이 패각 표류토에 들어 있는 해양생물 화석들을 면밀하게 연구한 1800년대 중엽의 홍수론자들은 이들이 표류토가 빙하에 의해 이동된 것이 아니고 홍수로 떠다니는 빙산에 의해 이동되었다는 부가적 증거라고 주장했다.

이 패각을 함유한 표류토 때문에 빙하 이론을 굳게 믿던 사람들조차 기세가 꺾였다. 그러던 중 1865년에 제임스 크롤(James Croll)이라는 스코틀랜드 사람이 패각 표류토라는 것은 빙하가 얕은 바다를 훑고 지나감으로써 생성된다는 설명을 내놓았다. 다시 말해, 빙하가 이동하면서 해저의 조개껍데기와 진흙을 긁어모아 지금 위치에 퇴적시킨 것이 패각 표류토라는 것이다. 크롤의 생각에 따르면 지금의 바닷조개 화석들은 빙하에 의해 해저의 고향으로부터 떼어내진 일종의 축소판적 전석인 것이다.

아가시의 이론에 불리하게 작용한 또 하나의 요인은 지질학자들이 전반적으로 빙하(氷河, glacier)라는 것을 몰랐다는 점이다. 빙하를 이해하지 못하는 지질학자들에게는 아가시가 말하고 있는 대규모의 빙원(氷原, ice sheet)[21]은 더욱 이해하기 어려웠다. 1852년에 가서야 그린란드가 거대한

그림 9 남극 빙원(氷原, ice sheet). 19세기에 이르러 이러한 극지에 대한 지식이 넓어지면서, 지질학자들은 현재의 빙원을 통해 빙하기의 상황을 짐작해볼 수 있게 되었다. (게이키(J. Geikie) 1894로부터.)

빙원으로 이루어졌다는 것이 탐험을 통해 확실해졌고, 19세기 말에 이르러서야 남극 빙원(the Antarctic Ice Sheet)의 규모가 제대로 알려졌다(그림 9). 극지 탐험이 진행되고 또 지질학자들이 산악에서 계곡 빙하의 활동을 관찰하기 시작하면서, 현재의 그린란드와 남극처럼 유럽도 한때는 빙원으로 덮였다는 생각이 받아들여졌다. 짐작할 수 있듯이 바다 근처 저지보다는 스코틀랜드, 스칸디나비아, 스위스 등의 산지에 사는 지질학자들이 이를 더 쉽게 이해했다. 반면에 바다 근처의 저지에 친숙한 지질학자들은 해양 홍수가 표류토를 설명하는 데 더 적합하다고 여겼다.

이밖에 또 빙하기 이론에 역작용을 미친 것은 아가시의 지나친 단언이

21) 옮긴이 주석: 빙하와 빙원이라는 용어에 대해는 각주 2) 참조.

었다. 열정에 휩싸인 나머지 그는 빙하의 범위를 증거가 제시하는 것보다 훨씬 넓게 주장했다. 1837년에 그는 빙하가 지중해까지 뻗쳤었다고 말했다. 그런데 이렇게까지 남쪽에서는 표류토가 나타나지 않았기에 빙하설을 의심하는 반대자들은 아가시의 다른 논증까지도 싸잡아 배척했다.

시간이 지나면서 빙하의 범위에 대한 아가시의 주장은 더욱 지나쳐갔다. 1865년에 아가시는 남미 탐험 길에 과거에 안데스 빙하가 지금보다 훨씬 넓었던 증거를 찾아냈다. 이를 기초로 그는 유럽과 북미의 빙하가 남미 대륙까지 뻗혔다는 결론을 내렸다. 이렇게 범위가 넓었다는 확고한 증거는 없었기에 아가시는 지질학자들을 분노하게 만들었다. 라이엘은 "아가시는 … 빙하에 대해 너무 멋대로 가고 있다. … 광대한 [아마존] 계곡 전체, 그 강구까지도 빙하로 덮었다고. … [아직] 그는 단 한 개의 빙하 자갈이나 광택난 돌을 보여준 적도 없으면서 말이다."라고 썼다. 그래도 영국을 위시한 유럽 본토에서는 이미 빙하 이론을 납득시킬 충분한 증거들이 나온 것은 다행이었다. 열렬한 홍수론자들은 이를 받아들이지 않았지만 말이다.

유럽에서 이러한 과학 전쟁이 한창일 때, 아가시 자신은 미국으로 떠났다. 이 여행은 최근 미국을 보고 온 찰스 라이엘이 아가시에게 신세계를 직접 둘러볼 것을 권유해서 이루어졌다. 1946년 9월 라이엘은 리버풀 항에서 아가시를 배웅하면서 일년 후에 그를 다시 보게 될 것으로 믿었다.

아가시가 탄 배는 험난한 대서양 횡단을 끝낸 후 핼리팩스(Halifax)에 잠깐 머물었다가 보스턴(Boston)으로 가기로 되어 있었다. 핼리팩스 해안에 다다르자 아가시는 빙하의 증거가 있는지 살펴보았다. "나는 해안으로 뛰어내린 후 선착장 위쪽에 있는 언덕으로 재빠르게 걸음을 옮겼다. … 눈에 익은 광택면, 주름과 긁힌 자국, 빙하가 조각한 선들이 있었다. … 그래서 확신했다. … 여기에도 빙하가 위대한 작품을 남겼구나."

아가시가 보스턴에 도착하자 존 에이모리 로웰(John Amory Lowell)이 맞아주었다. 그는 펨버턴(Pemberton) 광장에 있는 안락한 자기 집에서 아가시가 살게 해주었다. 다른 사람들처럼 로웰도 곧 아가시의 매력에 빠져들었다. 성공한 로웰은 방직공장을 가지고 있었고 하버드 대학법인의 인사였기에, 유럽에서 온 이 위대한 자연연구가를 메사추세츠에서 영원히 살 수 있게 해주었다. 다음해 초에는 하버드 대학교에 아가시를 위한 교수자리가 만들어졌다. 재정적으로 다소 어려웠던 아가시는 이를 감사히 받아들였다. 세상을 뜨는 1873년까지 미국은 이제 그의 본거지가 되었다.

아가시는 이민 온 땅 여기저기를 많이 돌아다녔다. 아가시는 자신보다 자기의 빙하기 이론이 먼저 미국에 와 있는 것을 보고 기분이 좋았다. 사실, 벌써 많은 미국의 과학자들이 이 이론을 수용하고 있었다. 아가시가 뇌샤텔 강론을 펼친 후 막 2년이 되던 1839년 초에 티모시 콘래드(Timothy Conrad)라는 미국의 고생물학자가 다음과 같이 말했다. "아가시 씨는 스위스의 광택 나는 암석표면이 빙하로 만들어졌다고 했다. 그리고 사람들이 홍수로 긁혀진 자국이라고 부르는 것들이 사실은 끊임없이 이동하는 얼음덩어리에 들어 있는 모래와 자갈에 의한 것이라고 했다. 나 역시 뉴욕 주 서부에 있는 광택 나는 기반암이 그와 같은 작용에 따른 것이라고 본다." 2년 후에는 메사추세츠 주정부의 지질학자인 에드워드 히치콕(Edward Hitchcock)이 새로 창립한 미국 지질학자 연맹(Association of American Geologists)에서 아가시의 이론에 대해 연설했다.

빙하기 이론이 제창되고 약 30년이 흘러 1860년대 중반에 다다르자 이 이론은 대서양 양편 모두에서 확고하게 자리 잡게 되었다. 한편으로는 여기저기서 산발적인 반대의 목소리가 없지는 않았다. 마지막 공격은 1905년에 영국의 기인 헨리 하워스 경(Sir Henry Howorth)이 쓴 1,000쪽짜리 논문이었다. 그러나 그 어떤 반대자도 아가시의 이론을 뒷받침하는 증거들에 대항할 수는 없었다. 빙하기 세상이 존재했다는 것은 이제 당연한 사실이 되었다. 이제 빙하기 자체에 대해 진지한 연구를 시작할 시점이 된 것이다.

3
빙하기 세계로의 탐험

과거 한때 빙하기가 왔음을 확신하게 된 지질학자들에게 이제는 빙하기 자체의 모습에 대해 더 자세히 알고자 하는 욕구가 생겼다. 지질학적 연구란 범죄현장을 조사하는 형사들처럼 수천만 년 전에 무슨 일이 있었는지 그 단서를 찾아내는 일이다. 탐정 이야기에서는 증거를 찾는 일이 하나의 방, 또는 넓어봐야 영국 등 한 나라의 영토로 국한되지만, 지질학적 수수께끼의 증거들은 지구상 도처에 흩어져 있다. 따라서 상당한 추적 작업이 필요하다.

이러한 면에서 아가시는 역사적으로 운 좋은 시기에 자신의 이론을 펼친 셈이다. 빅토리아 여왕의 전성기에는 산업혁명으로 창출된 부, 그리고 넓게 뻗어나간 제국이라는 밑받침이 있어서 지구상 저 먼 구석까지도 탐험이 가능했기 때문이다.

빅토리아 시대의 지질학자들에게는 빙하기 세상의 증거를 줄기차게 찾아야 할 이론적인 그리고 실제적인 동기가 존재했다. 즉, 아가시가 던져놓은 그림 맞추기 퍼즐의 빈 곳을 채우려는 자연스런 욕구에다가 경제적 동기가 더해졌다. 모든 문명국에서는 지질조사소를 만들어서 미개척 지역의 경제적인 잠재력을 평가한다. 이를 가장 잘 보여주는 예가 미국인데 남북전쟁 후 지질학자들은 말을 타고 서부를 탐험하며 지질도를 그렸다. 이런 일을 수행하기 위해 1879년에는 국회 제정법으로 미국 지질조사소(U.S. Geological Survey)가 설립되었다.

빙하작용에 대한 지식을 확실히 하고자 지질학자들은 산악지대로 들어가서 지금 살아 움직이는 빙하와 최근에 활동했던 빙하를 연구했다. 그렇게 해서 과거에 빙하가 어떻게 작용했는지 알게 되었고, 표류 퇴적물들이 어떻게 생성되었는지 숙제도 풀 수 있었다. 지질학자들이 알아낸 것은 눈이 층층이 쌓여서 빙하가 된다는 것이었다. 눈 더미가 100피트 넘게 두꺼워지면 자체 무게로 바닥 층이 얼음으로 전환된다. 그러면 이 얼음은 서서히 언덕을 미끄러져 내려가는데 이 과정에서 중도에 흩어져 있는 물질들을 픽업하고 또 커다란 기반암 덩어리를 부수어 삼키기도 한다. 이렇게 빙하 바닥 층에 얼어붙게 된 자갈이나 거력들은 마치 커다란 이빨처럼 작용하며 빙하가 지나가는 바닥을 긁어놓거나, 갈아서 광택이 나게 만들기도 한다.

이 활발한 탐험의 시대에 이룩된 또 하나의 중요한 발견은 빙하의 크기와 이동속도를 결정하는 법칙이다. 이는 "눈의 수지(snow budget)"로 표현된다. 빙하는 일정한 기후에서 일정한 규모를 유지한다. 빙하의 규모는 그해에 얼마의 눈이 내렸으며 그중 얼마가 녹았고 또 얼마가 증발했느냐에 따라 결정된다. 기후가 변하면 빙하는 새로운 평형을 찾아서 커지거나 줄어든다.

옛 지질학자들이 알아차리지 못했던 것은 평형상태의 빙하에서 전단 경사부는 멈추어있지만 나머지 부분들은 경사면을 따라 계속 아래로 흘러내린다는 것이다. 빙하 경사면의 윗부분에서는 강설량이 녹는 양보다 많고 빙하의 흐름도 빨라서 침식물이 퇴적되지 못한다. 그러나 경사면의 아랫부분에서는 녹는 양이 강설량을 앞지르고 빙하 흐름이 늦어서 빙하 아래 지표에 끊임없는 퇴적이 일어난다. 그중에서 한 장소에 단단히 박히고 위에서 누르는 빙하 하중으로 딱딱하게 굳어진 것을 집적 빙퇴석(集積 氷堆石, lodgement till)이라고 부른다.

기후가 풀리면 빙하의 경계부는 새로운 평형 위치를 찾게 된다. 계곡 빙하(valley glacier)의 경우에는 평형 위치가 보다 상류 쪽으로, 빙원(ice sheet)의 경우에는 보다 중심 쪽으로 옮겨간다. 그렇지만 빙하의 아랫부분은 정체된 채로 남는다. 즉, 흐름이 없이 점차 녹는 것이다. 그리하여 빙하 속에 들어 있던 암석, 모래 등의 물질들이 빠져나오게 된다. 삭마 빙퇴석(削磨 氷堆石, abaltion till)[22]이라고 부르는 이 물질들은 집적 빙퇴석 위에 퇴적된다. 빙하 속에 있는 나머지 퇴적물들은 정체된 빙하의 내부 혹은 경계를 따라 흐르는 녹은 물줄기에 휩쓸려 나와서 퇴적되는데, 이를 용출 빙퇴석(湧出 氷堆石, outwash)이라고 부른다.

빅토리아 시대 지질학자들은 빙퇴석의 가장 두꺼운 부분을 추적함으로써 빙하기 때의 빙하 범위를 알아냈다. 이 부분은 집적 빙퇴석과 삭마 빙퇴석으로 이루어져 있는데 말단 빙력토(末端 氷礫土, terminal moraines)라고 부른다. 빅토리아 시대 지질학자들이 알아낸 또 하나의 사실은 "표류토

----

22) 옮긴이 주석: 여기서는 ablation을 지질학적 관용어인 삭마(削磨)라고 번역 했다. 이를 닮아 마모된다는 뜻이 아니라 녹아 노출된다는 뜻으로 이해하기 바란다. 그런 면에서 용발(鎔發)이라는 말이 더 적절할 수도 있겠으나 이는 너무 낯선 용어라 취하지 않았다.

(drift)"라고 불러온 것들의 일부가 사실은 녹은 물줄기에 의해 운반된 후에 빙하 전단부에 퇴적된 용출 빙퇴석이라는 것이다.

시간이 지나가면서 지질학자들은 빙하 내부에는 유사하게 작용하는 여러 종류의 녹은 물줄기(용출수)가 있다는 것을 알게 되었다. 그래서 빙하 틈(crevasses), 지하 터널, 동굴 등을 채우는 여러 모습의 용출 빙퇴석들이 생겨난다. 그렇기에 아가시의 존경받는 친구 벅랜드가 이러한 퇴적물들로 인해 혼란을 겪었음은 별로 놀랄 일이 아니다. 빙하가 퇴각하면 결국에는 층리 퇴적물(물에 의해 운반되어 깔끔하게 분급된 지층을 이루며 퇴적된 것들)과 층리가 없는 혼란 퇴적물(빙하에 의해 운반되어 땅 위 여기저기에 불규칙하게 떨어진 것들)이 남는다.

빙하작용에 관한 이 새로운 지식을 가지고 지질학자들은 곧바로 빙하기 시대의 빙원 분포도를 만들었다. 북미에서는 말단 빙력토가 곳에 따라 50 피트에 달하는 능선을 이루는데, 롱아일랜드(Long Island) 동부에서 워싱턴(Washington) 주까지 뻗친 것도 있다(그림 10). 이 말단 빙력토의 북쪽에는 주로 빙퇴석(till)이 분포한다. 말단 빙력토의 남쪽은 빙하로부터 나온 용출수에 의한 퇴적물이 평탄 지형을 이루며 덮는다.

빙원의 범위를 지도화 하는 과업 이외에, 지질학자들은 기반암의 긁힌 자국과 파인 골을 이용해서 빙하가 이동한 방향을 알아냈다. 이런 정보를 여러 지역 널리 수집해서 종합하면 빙하가 흘렀던 모습이 상세히 드러난다. 또 전석과 그것이 유래한 기반암을 연계하는 방법으로도 빙하의 흐름을 추적할 수 있다. 그렇게 하면 지질학자들은 단순히 지도만 보고도 빙하가 어떤 경로로 이동했는지 바로 알 수 있는 것이다.

이 모든 기법들은 북미 뿐 아니라 유럽, 아시아, 남미, 호주, 뉴질랜드에서도 적용되었다. 이러한 노력 끝에 1875년에는 빙하 절정기의 대빙하(大氷河)

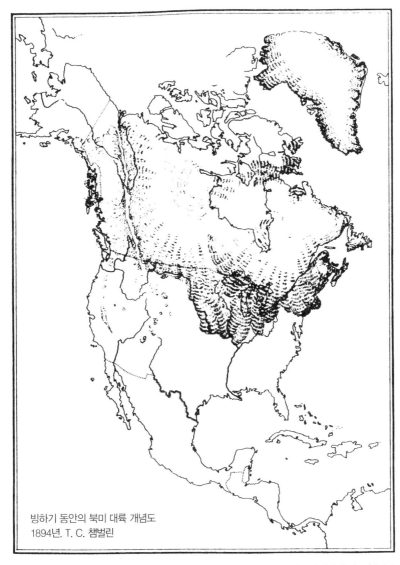

빙하기 동안의 북미 대륙 개념도
1894년. T. C. 챔벌린

그림 10 챔벌린(Chamberlin) 교수가 처음으로 그린 지난 최후 빙하기 동안의 북미 빙하기 지도. (게이키
(J. Geikie) 1894로부터.)

이야기가 펼쳐진 세계지도가 완성되었다.

과거의 빙하는 전세계에 걸쳐 약 1,700만 제곱마일의 면적을 덮고 있었는데, 이는 오늘날 빙하의 3배에 달한다. 그런데 과거의 빙하는 거의 북반구에 국한되었고 그 면적은 대략 1,000만 제곱마일이었다. 이는 현재 북반구 빙하의 약 13배에 이른다. 이에 반해 남반구에서는 오늘날과 비슷한 500만 제곱마일 넓이의 남극 빙원이 주를 이루었다. 즉, 남극 빙원은 빙하기에 약간 팽창했을 뿐인 것이다. 그 밖에 남반구의 빙원은 오직 국지적이고 소규모여서 안데스(Andes) 산맥 남부 산악지역, 남동 호주, 타스마니아(Tasmania) 그리고 뉴질랜드 남부의 산맥으로부터 약간 뻗어 나온 정도였다.

빅토리아 시대 지질학자들이 한 가지 놀란 사실은 북반구의 대빙원이 남쪽 뿐 아니라 북쪽으로도 한계를 가진다는 것이다. 그래서 북극을 중심으로 하는 한 덩어리의 커다란 빙하가 북반구의 대부분을 덮고 있었다는 아가시의 생각은 옳지 않은 것으로 드러났다. 사실인 즉 여러 곳을 중심으로 여러 개의 빙하가 펼쳐지고 있었다. 하나의 예로서 로렌시아 빙원(Laurentide Ice Sheet)은 (북위 60°에 불과한) 허드슨 만(Hudson Bay) 근처가 중심이다. 이곳을 중심으로 북으로 북극해 해안을 향해 흘렀다. 당시의 북극해에는 지금처럼 얇은 얼음층만 떠다니고 있었을 것이다.

1841년에 이미 여러 지질학자들은 아가시의 이론이 옳다면 육지 빙하가 만들어지려면 엄청난 양의 물이 바다에서 빠져나왔어야 한다는 생각을 가졌다. 그해 스코틀랜드의 지질학자 찰스 매클라렌(Charles Maclaren)은 아주 신랄한 에세이를 발표했다. "그[아가시]의 이론에서는 그가 생각하지 않았던 한 가지 문제가 불거진다. 북위 30°로부터 북극까지 유라 산맥 높이의 빙하가 있었다면 그 높이는 프랑스 피트로 약 3,000에 달하고 영국 단위로는 1마일에 이른다. 이렇게 많은 양의 물이 바다로부터 나왔다면 바다에서는 수심 변화가 상당했을 것이다." 매클라렌은 자신이 가진 다소 빈약한 자료를 사용하면서 "그만큼의 얼음덩이를 만들어내려면 바다 수심이 800피트나 내려가야 한다"고 계산했다.

당시는 이런 수심 추정치가 너무 지나친 것으로 여겨졌다. 그런 중 1868년에 이르러서는 빙하기 동안의 해수면을 정확히 알아낼 수 있는 자료가 늘어났다. 해수면을 결정하려면 지도상에서 분포범위가 확실한 빙하를 찾아내어 그 평균 두께를 알아내면 된다. 지질학자들은 빙하기 빙하의 증거를 가진 산과 그렇지 않은 산을 구분했다. (뉴햄프셔(New Hampshire)의 모나드녹(Monadnock) 산처럼) 산 정상부까지 빙하가 덮었다면 빙하의 두께는 최소한 그 산의 높이가 되는 것이다. 일부만 빙하에 잠겼던 산이 있으면 더 정확한 추정이 가능하다. 이런 산의 정상부는 얼음바다의 바위섬처럼 빙하의 영향을 받지 않은 채 솟아 있다. 오늘날 이런 산을 오르면서 보면 고도에 따라 경관이 급격하게 변하는 것을 볼 수 있다. 즉, 어떤 고도까지는 산기슭이 완만하고 평탄하지만 그 이상에서는 지형이 험하고 복잡해진다. 바로 이 임계고도가 빙하의 두께라고 할 수 있다.

지질학자들은 이런 방법을 통해 북반구 대륙빙원의 두께가 약 1마일이라는 것을 알아냈다. 또 빙하의 체적도 대략적으로 계산할 수 있는 데, 이를 처음 시행한 사람은 오하이오 주 클리블랜드(Cleveland)의 지질학자 찰스 휘틀시(Charles Whittlesey)였다. 그는 1868년에 자신의 목표를 다음과 같이 서술했다.

빙하기 동안 해수면 하강이 상당했음을 보이겠다. … 육상에 얼음이 쌓이는 것은 … 비나 눈이 내려 굳어지는 방법밖에 없다. 이 비와 눈의 원천적

출처는 해수의 증발이다. 내륙의 호수, 강, 습지, 저지 등도 구름을 만드는 수분을 공급하기는 한다. 그렇지만 이 내륙 분지들도 모두 원천적으로는 바다로부터 수분을 공급받는다. … 육지 표면에 떨어진 물이 바다로 돌아가지 않은 일부가 있다면, 이는 바다 전체의 수분 보유고에서 제해야 할 것이다.

휘틀시는 "가장 추웠을 때, 최소한 350 혹은 400피트 해수면이 하강했을 것이다"고 계산했다.

휘틀시가 계산한 (그리고 최근의 연구로 입증된) 해수면의 하강량은 해안선 모양을 바꿀 만큼 상당하다. 실제로 휘틀시는 이렇게 썼다. "물이 빠져나가면 모든 대륙의 모양에 변화가 온다. 그래서 서인도제도와 같은 섬들은 서로 합쳐져서 숫자가 줄어들고, 대신 각 섬의 면적은 늘어날 것이다. 또 해수면 위로 새로운 육지가 나타나고, 천해 지역이 … 뭍이 된다." 그래서 훗날의 고고학자와 지질학자들은 연구를 통하여 다음과 같은 사실을 알아내게 되리라. 즉, 석기시대의 아시아 사냥꾼들은 이렇게 새로 생겨난 육로를 따라 북미 대륙으로 넘어갔던 것이라고.

바로 얼마 지나지 않아, 스코틀랜드와 스칸디나비아 지질학자들이 해식 절벽 등에서 빙하기에 해수면이 오늘날보다 실제로 훨씬 낮았음을 보이는 옛 해안선 증거를 발견했다. 또 어떤 곳에서는 빙하가 후퇴한 직후에는 해수면이 지금보다 높았다는 증거가 나왔다. 융기 해안이 특히 잘 나타나는 곳은 스칸디나비아다. 그 복판은 현재 산지인데 해발 1,000피트 이상의 높이에서도 바다조개 퇴적층이 발견된다. 그 의미를 처음으로 제대로 해석해 낸 사람은 스코틀랜드의 지질학자 토머스 제이미슨(Thomas F. Jamieson)이었는데, 1865년에 다음과 같이 썼다.

대빙하가 덮은 후에 대지가 내려앉은 증거는 스코틀랜드뿐 아니라 스칸디나비아와 북미에도 있다. 이 모든 곳에서 해양생물 화석이 나오는 고도가 신통하게 비슷하다. 내 생각으로는 위에 얹힌 빙하의 엄청난 무게로 인해 이들 대지가 하강한 것 같다.

제이미슨은 어떻게 침강이 일어날 수 있었는지에 대한 의견도 내놓았다. 지구 최외각을 이루는 단단한 지각 아래는 "용융 상태"의 암석층이 있는데 힘을 받으면 이것이 흐르게 된다는 것이 그의 설명이다.

이 과감하고 독창적인[23] 생각은 수년 후 지구물리학적 측정을 통해 지지를 받게 된다. 측정 결과 지각 상부가 바로 제이미슨의 의견처럼 액체물질 위에 떠있다는 해석이 나왔다. 보트에 탄 사람들이 보트를 내리누르듯이 빙하가 지표를 누르면, 그 무게로 지각이 내려앉는다는 것이다.

그래서 옛 빙하지역의 해안선은 바닷물이 침범했던 흥미로운 이야기를 들려주는 것이다. 빙하기 동안에는 범세계직인 해수면 하강으로 해안선이 약 350피트나 내려갔다. 동시에 빙원은 그 무게로써 아래에 있는 지면을 내리눌렀다. 빙하가 녹자 즉각적 반응으로 해수면의 상승과 점진적 반응으로 지표면의 완만한 상승이 뒤따랐다. 그래서 뉴잉글랜드, 스칸디나비아 등의 빙하 지역에서는 해빙 후 바로 홍수가 일어났다. 그런데 시간이 지나면서 지표면은 원래의 높이를 되찾았다. 즉, 해수면이 내려간 것처럼 된 것이다. 지구상에는 빙하가 녹은 이후 아직까지 지반이 반응하는 곳도 있다.

23) 옮긴이 주석: 이는 지각평형(지각균형, isostasy)에 대한 생각인 바, 사실은 1865년의 제이미슨이 최초는 아니다. 이는 에어리(G.B. Airy)와 프래트(J.H. Pratt)가 벌써 각각 1855년과 1859년에 제시한 이론이다. 한편, "isostasy"라는 용어가 처음 사용된 것은 1889년 더튼(C.E. Dutton)에 의해서였다. 지각평형설의 실체는 훗날 중력탐사 연구를 통해 입증되었다.

예를 들어 슈피리어 호(Lake Superior) 연안은 1세기당 15인치씩 지반이 상승한다. 이와 대조적으로 두꺼운 빙하로부터 멀리 떨어진 곳에서는 바다라는 저장고로부터 물이 나오고 들어감에 따라 해수면이 하강하고 상승하는, 단순한 해안선 변화의 역사를 보인다.

　일부 지질학자들이 실제로 빙하가 덮였던 지역을 연구했던 것에 반해, 빙하로부터 멀리 떨어진 지역을 연구한 학자들도 있다. 이들이 알아낸 것은 빙하기 동안 유럽, 아시아 그리고 북미에 걸친 백만 제곱마일 이상의 땅이 곱고 균질한 노란 빛깔의 퇴적물로 덮였다는 사실이다. 이는 가는 모래(silt) 층인데 옛 독일 농부들의 단어를 빌어서 "뢰쓰(loess)"라고 부른다. 이 뢰쓰 층의 두께는 어떤 지역에서 10피트에 이르는 반면, 다른 곳에서는 층이 얇고 분포가 단속적이다.

　지질학자들이 이 특이한 지층에 주목한 것은 19세기 초부터였으나 생성 원인은 수수께끼로 남아 있었다. 어떤 이는 뢰쓰가 균질한 실트로 이루어진 사실로부터 물에 의해 퇴적된 것으로 보기도 했다. 그러나 물에 퇴적된 지층은 특징적으로 수평 층리를 갖는데 반하여 뢰쓰에는 이것이 나타나지 않는다. 게다가 해양생물 화석도 없다. 1870년이 되어서야 독일의 지질학자 페르디난트 폰 리히트호펜 (Ferdinant von Richthofen)이 뢰쓰에 대해 적절한 설명을 내놓았다. 다음은 자신의 설명을 미심쩍어하는 동료에게 그가 적은 말이다.

　뢰쓰가 물에 의해 퇴적되었다는 이론에서 출발해가지고는 그 성질을 하나도 설명할 수 없다. 바다, 호수, 강 그 어느 것도 8,000피트 고도의 산기슭에다 뢰쓰를 퇴적시키지 못한다. 물에 의해 퇴적되었다는 이론으로써는 층리가 없는 점, … 수직으로 깨어짐, 무차별로 나타나는 석영 입자, 각진

석영 입자, … 묻힌 채 발견되는 민물조개 껍질, 육상 포유류의 뼈, 그 어느 것도 설명할 수가 없다.

수십만 제곱마일을 … 완전히 균질한 토양을 이루면서 … 덮고 있다는 사실을 설명할 수 있는 영력(營力, agent)은 오직 하나뿐이다. 바람에 의해 건조한 땅으로부터 모래먼지가 불려나와 식생이 자라는 곳에 퇴적됨으로써 쉴 곳을 찾은 것이다. 이같은 퇴적이 반복되면서 토양층은 점점 두꺼워진다.

뢰쓰가 바람에 의해 퇴적되었다는 폰 리히트호펜의 설명은 결국 널리 받아들여졌다. 오랜 숙제였던 조각그림 맞추기 퍼즐의 한 조각이 제자리를 찾아들자 지질학자들은 이제 빙하기 세상을 상상할 수 있게 되었다. 빙원의 남쪽 경계가 녹으면서 뿜어져 나오는 물로 많은 실트[24]가 강에 퇴적된다. 이 퇴적층은 눈으로 덮이지도 않았고 식생에 붙잡혀 있지도 않았기에, 빠르게 소용돌이치는 바람에 의해 빙하 전반부로부터 쉽게 불려난다. 폰 리히트호펜의 아이디어가 옳음을 보여주는 사례가 알래스카에서 관찰된다. 이곳에서는 여름에 빙하가 급격하게 녹아 많은 양의 실트가 그 바닥에 쌓이고 건조된 후, 바람에 불려 인근 초원에 비옥한 뢰쓰로 쌓이고 있다.

빙하가 녹으며 생성된 캐나다의 강을 따라 운반된 실트는 미국 중서부 지역의 농부들에게 혜택이 되고 있다. 캐나다의 실트가 바람에 의해 남쪽으로 불려가서 결국에 비옥하고 물 잘 빠지는 양질의 경작 토양을 이룬 것이다.

미국 서부 지역 지질학자들에 의하면 유타, 네바다, 애리조나, 남 캘리

..
24) 옮긴이 주석: 가는 모래.

포니아 일부 지역은 빙하기에 오늘날보다 더 습했다고 한다. 1852년 하워드 스탠스버리(Howard Stansbury) 선장(유타 주 그레이트 솔트레이크(Great Salt Lake) 호수 주변의 평탄지를 조사한 지형 기술자)은 관찰한 바를 다음과 같이 일기에 적었다.

이 평지와 연결된 능선 경사지에는 벤치 모양의 지형, 즉 물의 자취라고 할 수 있는 독특한 모양[25]을 가진 장소가 열세 군데가 있는데, 이들은 분명코 한때 호수에 의해 침식되던 곳이다. 이러한 작용은 한참을 지속하며 여러 높이의 계단을 만들었을 것이다. 이들 중 가장 높은 것은 현 계곡으로부터 약 200피트의 고도를 이룬다. … 이 생각이 맞고 또 모든 지형들이 이를 뒷받침한다고 본다면, 과거 언젠가에 수백 마일이나 되는 넓은 내륙해가 여기까지 들어왔음이 분명하다. 그래서 지금 그레이트 솔트레이크 호수에서 서쪽과 남서쪽 해안을 이루며 군데군데 고립적으로 솟아있는 산들은 지금 말라가는 호수에서 볼 수 있는 것처럼 큰 섬들이었음이 분명하다.

이 스탠스버리의 생각은 훗날의 연구를 통해 옳은 것으로 밝혀졌다. 1870년대에 미국 지질조사소의 그로브 길버트(Grove K. Gilbert)가 지금의 그레이트 솔트레이크 호수는 이보다 훨씬 컸던 과거 한 호수의 잔존물이라는 것을 밝히고 이 옛 호수를 보니빌 호수(Lake Bonneville)(그림 11)라고 명명했다. 보니빌 호수는 빙하기에 지금 5대호의 그 어느 것보다 컸다. 이는 당시 미국 서부 지역의 기후가 지금보다 추웠을 뿐 아니라 훨씬 습했음을 시사한다.

∴

25) 옮긴이 주석: 단구(段丘, terrace) 지형을 말하고 있다. 그림 11 참조.

그림 11 유타(Utah) 주에 있는 옛 보니빌 호수(Lake Bonneville). 유타 주 웰즈빌(Wellsville) 부근에서 산록 하부를 따라 나타나는 단구(段丘, terrace)들은 여러 차례의 빙하기 동안 보니빌 호수 연안을 따라 형성된 것이다. 이 거대한 보니빌 담수호는 지금은 존재하지 않는다. 빙하가 사라지자 이곳의 기후는 습한 기후에서 건조 기후로 바뀌었고 호수의 수위도 떨어졌다. 두 부분으로 된 오늘날의 그레이트 솔트레이크 (Great Salt Lake) 호수는 이 옛 보니빌 호수의 잔재다.

탐험의 시대가 열리면서, 빙하기는 지구상에 한 번이 아니라 여러 차례 왔었다는 강력한 증거들이 나왔다. 1847년에 벌써 에두아르드 쿨롱(Edouard Collomb)이 프랑스 보게(Vosges) 산맥에서 2매의 빙퇴석(tillite)층을 발견했다. 이 두 층 사이에는 하천 퇴적물이 끼어 있는데, 이는 빙하가 약해진 잠깐의 짬에 생성된 것으로 해석되기도 하고, 아니면 이와 달리 빙하가 퇴각한 후의 긴 기간을 뜻하는 것으로 해석되기도 했다. 1850년대에 이르러 비슷한 증거들이 웨일즈, 스코틀랜드, 스위스에서 발견되었는데 보수적인 의견, 즉 한 빙하기 내의 기후 변동에 의한 것으로 보는 견해가 더 선호되었다.

1863년에 이르러 스코틀랜드의 지질학자 아치볼드 게이키(Archibald

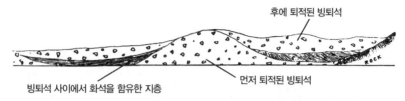

후에 퇴적된 빙퇴석

빙퇴석 사이에서 화석을 함유한 지층

먼저 퇴적된 빙퇴석

그림 12 스코틀랜드에 나타나는 복합 빙퇴석층(multiple tills). 카우덴 번(Cowden Burn)이라는 이 기찻길 절단면 노두에는 빙하에 의해 퇴적된 빙퇴석층이 2매 나오는데 이들 사이에는 화석을 함유한 갈탄층이 끼어 있다. 19세기 지질학자들은 이러한 증거들을 통해 빙하기가 2회 이상이었다는 주장을 펼쳤다. (게이키(J. Geikie) 1894로부터.)

Geikie)는 스코틀랜드의 빙퇴석 사이 지층에서 발견되는 식물파편 화석들은 두 빙하기 사이에 상당 기간 온난 기후가 지속됐음을 보이는 명백한 증거라고 주장했다(그림 12). 결국 1873년에는 일리노이 지질조사소 소장인 에이모스 워선(Amos H. Worthen)이 빙퇴석 위에 부식토가 놓이고 그 위를 다시 빙퇴석이 덮은 곳을 발견했다. 부식토가 생겨나는 것은 식물이 풍부하게 자랄 만큼 기후가 온난해야만 가능하기에, 이는 따뜻한 간빙기를 뜻하는 강력한 증거이다. 이로부터 불과 몇 년 후 뉴베리(John S. Newberry)와 맥기(W. J. McGee)가 미국 중서부 지역에서 2매의 빙퇴석 사이에 고대 삼림층이 끼어 있는 것을 찾아내자 논쟁은 끝이 났다.

1875년에 이르자 그동안 지난 최후 빙하기의 모습을 알아내려고 노력해온 지질학자들의 첫 번째 과업이 마무리되었다. 빙하의 분포도가 만들어지고, 해수면의 높이가 측정됐으며, 어느 지역이 한랭다습했고 어느 지역이 한랭건조했는지도 밝혀졌다. 또한 빙하기가 단발의 사건이 아니라 여러 차례 찾아왔으며, 이들은 지금과 같은 따뜻한 간빙기에 의해 각각 분리된다는 것도 알게 되었다. 이 모든 지식을 배경으로 이제 지질학자들의 관심은 관찰된 사실로부터 이론을 세우는 쪽으로 쏠리게 된다.

제2부

빙하기를 설명하다

4
빙하기에 관한 문제

아가시(Louise Agassiz)의 빙하기 이론을 인정하고 또 확장시켜온 지질학자들에게 이제는 빙하기 자체의 원인을 설명해야 하는 문제가 내두되었다. 과연 어떤 영력(營力, agent)이 빙하가 생기고 또 커지게 하는 것인가? 육지를 거의 3분의 1이나 덮던 빙하가 어찌하여 사라진 것인가? 그중 가장 알고 싶은 것은 빙하기가 다시 찾아오겠는가 하는 점이다. 이들은 바로 빙하기 수수께끼의 중심을 이루는 질문이었다.

이에 대해 여러 이론들이 나온 바 있다. 처음에 그럴싸했던 것도 나중에 새로운 증거의 등장과 함께 몰락하기도 했다. 어떤 것은 검증해볼 수가 없는 것이었기에 스코틀랜드식 평결로 말하자면 "증명되지 않아서" 제껴졌다.

빙하기 수수께끼를 풀어보려는 일부 노력은 편협하게 빙하 자체의 성쇠에 초점을 맞추는 바람에 곤란에 빠지고 말았다. 빙하를 지구 기후 시스템의 한 부분으로 인식해야 옳다. 지구의 기후 시스템은 빙하, 해양, 그리고 대기라는 역동적인 요소들로 구성되어 있어서 얼음-바다-공기라는 세 요소가 마치 거대한 기계처럼 서로 맞물려 있는 것이다. 시스템에서 한 부분이 변화하면 이에 상응하여 다른 부분도 따라 변한다.

바람이 불고 해류가 흐르는 등 기후라는 기계가 돌아가도록 하는 에너지는 태양으로부터 온다. 대기와 지표 모든 곳이 태양에너지를 받고 있다. 이 에너지의 일부는 구름에 포함된 먼지 입자에 부딪쳐 반사되어 우주공간으로 돌아간다. 다른 일부는 지표나 바다 표면에서 반사된다. 태양에서 온 나머지 에너지는 흡수되었다가 다시 우주공간으로 복사 방출된다. 따라서 기후 시스템의 모든 부분들은 매일매일 흡수라는 과정을 통해 어떤 양의 에너지를 얻고 있으며 반사나 복사를 통해서 일부를 잃는다.

이 획득과 손실이 정확하게 균형을 이루는 곳은 북위 40°와 남위 40° 두 곳뿐이다. 다른 위도에서는 이 복사 수지가 맞아떨어지지 않아 지구가 덥혀지거나 냉각된다. 우선 적도 부근에서는 불균형 탓으로 온도가 올라간다. 이 지역에서는 지표와 해수면이 입사 복사열을 많이 받으며, 낮 시간이 길고, 또 태양은 하늘 위에 높은 각도로 떠 있다. 반면 극지방에서는 얼음과 눈으로 인해 태양에너지가 많이 반사되어 열 손실이 크다. 그런데다가 이 고위도 지역에서는 태양이 비치는 각도가 작다. 따라서 반사와 복사 이외에 다른 작용이 없는 한, 적도지방은 매년 점점 더 더워지고 극지방은 점점 더 추워진다. 바람과 해류는 극지방을 향해 열을 운반하는 역할을 함으로써 이러한 현상을 막고 있다. 무역풍이나 허리케인은 이 같은 열 이동의 예다. 대서양의 걸프 해류(Gulf Stream)나 태평양의 쿠로시오 해류(Kuroshio Current)가 그렇다. 동시에 북대서양이나 북태평양의 동해안을 따라 남으로 흐르는 해류는 적도를 향해 차가운 물을 보낸다.

올바른 빙하기 이론을 세우려면 거대한 빙원(氷原, ice sheet)의 성쇠가 지구의 기후 시스템에 가장 큰 영향을 미친다는 사실을 인식해야 한다. 예를 들어 빙원이 커지려면 바다로부터 물이 빠져나오고 이것이 대기를 통해 빙원을 향해 운반된 후 거기서 눈으로 내려야 한다. 따라서 세계적 규모를 가진 빙원의 체적 변화는 필연적으로 해수면 높이의 변화와 긴밀히 연계된다. 나아가 빙원 면적이 변하면 지구의 복사 균형에도 변화가 일어난다. 빙원이 확대되면 반사에 의한 열 손실이 커지고, 이에 따라 지구의 기온이 떨어진다. 그러면 빙원은 더욱더 넓어진다. 반대로 빙원의 면적이 줄어들면 기온이 올라가고 빙원은 더욱 축소된다. 몇몇 빙하기 이론에서는 이 "복사-피드백 효과(radiation-feedback effect)"가 중요한 자리를 차지한다. 이로 인해서 빙원의 원래 면적이 조금만 달라져도 그 효과가 크게 확대된다는 논리이다.

대다수 빙하기 이론의 주된 목표는 이 최초 변화의 원인을 찾는 데 있었다. 아가시가 1837년에 "강론"을 펼친 이후에 빙하기의 원인에 대한 여러 주장들이 있었다. 최초의 것은 태양에서 방사되는 에너지의 양이 줄어들어 빙하기가 됐다는 것이었다. 지구의 기후계는 태양에서 동력을 얻고 있으므로, 태양의 방사열이 줄어들면 실제로 빙하기가 올 수 있다. 그렇지만 빙하기에 정말로 태양에서 발산하는 에너지의 양이 줄었다는 증거는 없다. 따라서 태양에너지 이론의 근거는 간접적일 뿐이다. 지난 한 세기 동안의 관찰을 근거로 하여 태양 흑점 수가 강우량이나 온도 변화와 다소 관련이 있다는 지적이 나온 바 있었다. 그렇다 하더라도 태양 흑점 수의 변화와 태양 에너지의 변화 사이에서는 어떠한 상관관계도 증명된 바가 없다. 다른 한편, 주변적 정황에 근거하여 과거 1,000년 동안 산악지의 계곡 빙하가 약간 전진한 것이 태양 활동의 변화와 연관됐다는 주장도 있다. 1°–2° 정도의 기온 변화가 작은 규모지만 이러한 빙하의 성쇠를 불러올 수 있다.

그런데, 지난 수백 년 내지 수천 년간의 관측을 통해 지구의 기후가 태양에 의해 제어된다고 밝혀졌다고 할지언정, 그로써 태양에너지의 변화가 빙하기를 일으키는 것으로 판명됐다고 볼 수는 없다. 태양 이론을 검증하는 유일한 방법은 시간에 따라 태양에너지가 어떻게 변화하는지 계산으로 보여주는 것이다. 그러기 전까지는 태양에너지의 변화가 빙하기를 일으킨다는 생각은 판결의 보류, 즉 증명도 기각도 되지 않은 채로 남아 있을 뿐이다.

빙하기에 대한 다른 이론은 우주공간에 흩어진 먼지 분포가 균질하지 않아서 기후 변화가 일어나고, 심지어 빙하기까지 야기된다는 것이다. 이런 생각 중 하나는, 지구가 먼지 농도 높은 우주공간을 통과하게 되면 태양에너지가 차단되어 추운 조건으로 들어간다는 것이다. 그런데 이에 반대되는 견해도 있다. 즉 먼지 농도가 높으면 보다 많은 먼지들이 태양으로 빨려들어가서 더 환하게 탈 것이므로 지구상의 온도가 올라간다는 것이다. 먼지입자 이론이 인정받으려면 우선 이 두 가지 안 중에서 어느 것이 타당한가를 해결해야 한다. 이것이 해결되더라도, 이 이론을 확정적으로 검증할 방법을 찾아야 하는 또 하나의 어려운 장벽이 있다. 아직 천문학자들은 지구와 태양 사이 우주공간의 먼지입자 분포양상이 지질시대를 지나며 어떻게 변해왔는지 명확하게 말해줄 처지에 있지 못하다. 만약 이 같은 먼지농도 연대학(年代學, chronology)이 가능하다면 과학자들은 이를 빙하 연대학과 대비(對比)하게 될 것이다. 그래서 이들 두 연대가 잘 맞아떨어지면 이 이론은 강력한 뒷받침을 얻게 된다.

또 다른 빙하 이론은 대기 중 이산화탄소의 농도에 기반을 둔다. 연구에 따르면, 대기에서 이산화탄소의 농도는 매우 낮지만(평균 약 33/100,000) 지구 기후에 엄청난 영향을 미친다. 이는 이산화탄소 가스의 특별한 성질 때문이다. 즉 이산화탄소는 태양으로부터 들어오는 짧은 파장의 빛에 대해 투명하게 작용하지만, 우주공간으로 반사되어 나가는 긴 파장의 빛에 대해서는 불투명하다. 따라서 대기권에서 이산화탄소의 농도가 변하면 지구의 열수지도 변하지 않을 수 없다. 이산화탄소 농도가 높을수록 대기는 온실의 유리지붕처럼 작용한다. 다시 말해 들어오는 에너지가 가두어져 내부온도가 상승하는 것이다.

반면에 이산화탄소 농도가 상당히 내려가면 빙하기가 초래된다고 믿는 과학자들이 많다. 그런데 어찌하여 이와 같은 이산화탄소 농도의 감소가 일어나는 것인가? 지구의 역사가 흐르는 동안 대기권의 이산화탄소 농도가 어떤 이유로 또 어떤 과정을 통해 감소했는지 설명하는 이론이 제시되어야 한다. 특히, 빙하기가 왔던 당시 왜 이산화탄소의 농도가 낮았었는지를 설명해야 한다. 그렇지 못하면 위와 같은 믿음은 그럴듯하더라도 지금으로서는 검증할 수 없는 생각의 하나로 머물 뿐이다.

빙하기의 원인에 대한 또 하나의 극직인 설은 폭발적 화산 분출이 잦으면 빙하기가 시작된다는 것이다. 이러한 화산 분출의 기간에는 대기 중의 미세 화산먼지 농도가 올라가 태양에너지를 더 많이 우주공간으로 반사시키고, 그렇게 되면 지구의 기온이 내려간다는 것이다.

대규모 화산 폭발이 일어난 후 관찰한 바에 의하면, 기본적으로 이 이론이 타당한 것으로 보인다. 예를 들어 1883년에 동 인도양에서는 카라카토아(Karakatoa) 화산이 격렬하게 폭발하여 섬 대부분이 날아가고 3,000 마일 밖까지 폭발음이 퍼졌다. 이때 많은 양의 먼지가 대기권으로 방출되어 2년 간이나 전세계의 저녁노을이 현저하게 붉어졌던 일이 있다. 세밀한 측정에 의하면 이 기간에는 대기 중의 먼지로 인해 세계의 평균 기온이 하강했다고 한다. 먼지들이 결국 땅으로 가라앉자 기온은 정상으로 돌아왔다. 생각해보라. 이러한 화산 폭발이 자주 일어난다면 냉각효과에 의해 지구에 빙하기가 올 수도 있지 않겠는가?

화산 먼지가 빙하기를 초래한 요인이라면, 지금 빙하에 들어 있는 고토양(古土壤)과 화산 폭발 당시 호수나 바다에 퇴적된 진흙에서 그 증거가 나와야 한다. 이론상 이 화산 먼지설은 빙하기 동안의 기후 변화에 대한 연대학적 기록과 화산 활동에 대한 퇴적학적 기록을 비교해보면 검증이 가능하다. 그러나 실제로 검증을 하려면 충분히 정밀하게 측정한 자료를 충분히 넓은 면적을 망라하여 수집해야 하는데, 이는 쉬운 일이 아니다.

또 다른 빙하 이론은 19세기에 영국의 지질학자 찰스 라이엘(Chales Lyell)이 생각한 것인데, 지각의 수직운동으로 빙하기가 초래된다는 것이다. 고도가 높아지면 대기 온도가 떨어지기에, 땅이 융기하여 고도가 높아지면 기온이 전반적으로 내려간다는 논리다. 이 이론을 처음 발전시킨 사람은 1894년 미국의 지질학자 제임스 데이나(James D. Dana)였다. 그는 범세계적인 육지의 융기에 덧붙여 뭍이 생겨나는 것까지 포함하면서 말했다.

스칸디나비아와 그린란드 사이의 북대서양에 뭍 혹은 수심이 아주 얕은 지대가 만들어지자 걸프 해류를 따라 북극권으로 공급되던 다량의 열이 차단되고 말았다. 이렇게 걸프 해류가 북대서양 중위도에 갇히게 되자 갇힌 열로 그곳 바다의 수온이 높아지고 많은 비가 내렸다.

그러나 일찍이 1874년에 스코틀랜드의 지질학자 제임스 게이키(James Geikie)(아치볼드(Archibald)의 형제)는 이 이론에 반대하는 논리를 설득력 있게 펼쳤다. "비교적 짧은 시간에 그렇게 대규모적으로 지각이 울퉁불퉁 움직일" 수는 없다는 것이 그의 믿음이었으며 덧붙여 그는 "북반구 거의 전체에 걸쳐서[26] 지각 상승이 일어났다는 것은 상상이 어려우며, 현재에 남반구에 빙하가 있다는 상황을 상기한다면 이는 더욱 납득이 어렵다"라고 했다. 그 후 수집된 모든 증거들도 이 부정적 견해를 뒷받침 하는 한편, 오늘날까지도 이 이론이 옳다고 볼 근거는 나오지 않고 있다.

보다 근래에 와서는 다른 여러 빙하기 이론들이 제기되었다. 이들은 지구 기후 시스템 자체 내의 요소를 가지고 빙하기를 설명한다는 점에서 차이가 있다. 그중에서 아마도 가장 유명한 것은 1964년에 뉴질랜드의 과학자 알렉스 윌슨(Alex T. Wilson)의 주장일 것이다. 이는 남극 빙원의 거대한 일부가 갑자기 바다로 미끄러져 들어가면 세계적인 기후 변화를 초래하게 되고 결국에는 빙하기로 발전된다는 내용이다. 빙원에 쌓인 눈은 통상적으로는 아주 굼뜨게 변두리로 흘러가고 변두리에서는 빙하조각이 부서져나가 빙산이 되어 떠내려가는 것이 보통이다. 윌슨의 생각은 빙하의 무게가 점차 증가하면 바닥에 수분이 모이게 되고[27] 이에 따라 간헐적으로 빙하가 붕괴되면서 급격히 바다로 미끄러져 늘어간다는 것이다. 산악시대에서는 이처럼 갑자기 빙하가 밀리는 일이 주기적으로 일어나는 것으로 알려져 있는 데, 윌슨은 이를 남극 빙원에 적용한 것이다. 이렇게 커다란 빙하덩어리가 밀려든 데 따른 기후 변화 효과는 대단하다. 빙하가 밀려들 때마다 주변 바다는 반사력 높은 부빙(浮氷)으로 뒤덮이게 되고, 부빙들은 태양빛을 더욱 많이 반사시켜 결국에는 빙하기가 초래될 수 있다는 것이다.

과학자들은 윌슨의 이 극적인 이론을 설명해줄 증거가 나오지 않아서 기대를 잃고 있다. 만약 정말로 그런 쇄도가 일어난다면 해수면이 상당히

26) 옮긴이 주석: 비교적 짧은 빙하기 동안 북반구 거의 전체가 빙하로 덮였다.
27) 옮긴이 주석: 자체의 하중에 의해 빙하가 용융되어 물이 생겨난 것이다.

상승할 것이다. 이 이론에 따르면, 빙하기는 해수면의 급격한 상승 이후에 일어난다. 그러나 해수면이 이처럼 올라갔던 증거가 없고, 오히려 빙하기가 시작되면서 (제3장에서 설명한 바와 같이) 해수면은 지속적으로 내려갔다. 더구나 위에서 말한 것 같은 부빙들은 녹으면서 해저에 특이한 퇴적물을 남길 터인데, 이러한 퇴적물이 발견된 바가 없다. 그래서 이 이론은 신빙성을 잃게 되었다.

지구의 기후 시스템 자체에 의해 빙하기가 일어난다는 또 다른 이론은 1956년에 컬럼비아 대학교 라몬트 지질연구소(Lamont Geological Observatory)[28]의 모리스 유잉(Maurice Ewing)과 윌리엄 던(William Donn)이라는 두 과학자가 제기했다. 그들의 주장에 따르면 북극해는 충분히 차갑기에 북대서양으로부터 따뜻한 해류가 유입되면 습한 공기가 생겨나고 눈이 내려서 빙원이 증대된다고 한다. 강설로 빙원이 넓어지면 새롭게 눈으로 덮인 대지는 반사도를 증가시켜 더욱 추워지는 상황으로 몰아가고 이에 따라 빙하기가 도래된다는 것이다. 그렇다면 지금은 비교적 건조한 북극권에 어떻게 습한 바람이 불어들게 되어 이러한 상황이 만들어졌을까?

유잉-던 이론의 골자는 한동안 북극해에 얼음이 없고 북대서양으로부터 따뜻한 해류가 들어오도록 열려 있으면 빙하기가 시작된다는 것이다. 이 기간 동안 증발량이 증대되어 대기가 수증기로 채워지면 주변의 대지에 눈

28) 옮긴이 주석: 미국 컬럼비아(Columbia) 대학교에 있는 유명한 지질과학 연구소. 해저 연구에서 선구적인 역할을 함으로써 판구조론의 발전에 핵심적인 공헌을 하였다. 처음에는 1948년 뉴욕 월가의 은행가 라몬트(Thomas Lamont)의 미망인이 허드슨 강변의 토지를 출연하여 Lamont Geological Observatory라는 이름으로 설립되어 연구를 시작했다. 그후 1969년에 도허티(Doherty) 자선재단의 기부로 연구소는 더 확장되었고 이름도 Lamont-Doherty Geological Observatory로 변경되었다. 1993년에는 더욱 넓어진 연구의 폭을 반영하기 위해 다시 Lamont-Doherty Earth Observatory로 개명했다.

이 내리게 된다. 일단 일이 이렇게 시작되면 반사에 따른 피드백 효과가 빙하를 만드는 작용을 가속시켜 빙하기로 진입된다는 것이다. 기온이 떨어지고 북극해가 다시 얼면 간빙기가 시작된다고 한다. 이때는 습기의 근원이 차단되기에[29] 빙원의 면적은 줄어들고 해수면이 상승한다. 그 후 북대서양의 따뜻한 조류는 다시 북극해의 얼음을 녹이게 된다.[30]

이 정교한 이론에 의하면 대기-바다-얼음 시스템의 역동적인 상호작용으로 자연적인 기후 주기가 만들어져서 빙하기와 간빙기가 교호된다. 이 이론은 북극해의 퇴적물에 이와 같은 순차적 기록이 남겨진다고 예언하고 있기에, 이것이 맞는지 검증해볼 수 있다. 예를 들어, 빙하기가 시작될 때의 해저 퇴적층에는 햇볕 드는 따뜻한 물속에서 살던 동물들의 화석이 들어 있을 것이다. 그런데 아쉽게도 그런 화석은 없었다. 퇴적층을 자세히 연구해본 결과, 과거 수백만 년 동안 북극해에 얼음이 존재하지 않던 시기는 없었던 것으로 나타났다.

이상의 윌슨의 쇄도 이론이나 유잉-턴의 북극해-얼음 이론 외에도 기후 시스템 내부의 원인으로 빙하기가 초래되었다는 다른 이론들이 있는 데 이들은 분석이 더 어렵다. 이중 지난 십여 년 동안 가장 지지받은 것은 추계 이론(推計 理論, stochastic theory)이다. 이 이론은 기후가 대규모 변동성(large-scale variability)이라는 것을 본연의 특성으로 갖는다는 가정으로부터 출발한다.

짧은 기간 관찰에서는 기후의 무작위적 변화가 월이나 연 단위로 일어

••
29) 옮긴이 주석: 북극해가 얼어 있어서 북대서양의 따뜻한 해류가 진입하기 어렵기에.
30) 옮긴이 주석: 그러면 다시 빙하기로 진입된다. 결국 이렇게 빙하기 → 간빙기 → 빙하기로 변화해 나간다.

난다. 추계 이론에 의하면 관찰 기간이 길어지면 기후 변화의 폭이 커진다고 한다. 추계 이론자들은 같은 수십 년 동안이라도 연 단위가 아닌 십년 단위로 보면 기후의 변화 폭이 더 커진다는 점을 강조한다. 따라서 보다 길게 고찰하면 변화의 폭은 한계가 없이 커지는 것이다. 추계 이론 지지자들은 이러한 주장을 뒷받침하는 복잡 정교한 수학이론을 가지고 있다.

추계 이론에서는 각 빙하기가 어떤 특정한 이유를 가지지 않는다. 그것들은 단지 해양이나 빙원에 저장된 기후가 작고 무작위하게 변하는 가운데 나타나는 긴 시간 규모의 변화 양상일 뿐이다. 이렇듯 어떤 특정 사건이 빙하기를 초래하는 것이 아니기에 추계 이론은 검증이 어렵다.

자, 그러면 이상 언급한 빙하기 이론들의 전적(戰績)은 어떤가? 별 승산이 없다. 빙하기를 설명하는 8개의 주된 이론 가운데 3개는 기각되었고 나머지 5개는 검증할 수가 없다. 그러면 빙하기 이론이라는 게임은 지고 끝이 난 것인가? 아니다. 이상 말한 것 외에 또 하나의 강력한 빙하기 이론이 선수명단에 오르기를 기다리고 있었다. 이는 아가시의 뇌샤텔 "강론"[31] 이후 불과 5년 후에 등장하여 가장 줄기차게 싸워나간 선수가 되었다.

31) 옮긴이 주석: 이는 1837년 일이다.

5
천문 이론의 탄생

천문 이론에 대한 이야기는 1842년에 *바다의 혁명*(*Revolutions of the Sea*)이라는 책이 나오면서 시작되었다. 이 책은 파리에서 가정교사로 생계를 꾸리던 조제프 알퐁스 아데마(Joseph Alphonse Adhémar)라는 사람이 쓴 것인데, 아데마는 지구가 태양 주위를 도는 양상이 변화하면서 빙하기가 시작된다는 생각을 처음으로 한 사람이다.

아데마는 17세기 천문학자 요한 케플러(Johann Kepler)가 밝힌[32], 지구는 태양 주위를 원형이 아닌 타원형으로 공전한다는 것을 알고 있었다(그림 13). 지구 자전축은 이 공전궤도면의 수선으로부터 23½° 기울어 있다. 지구가 태양 주위를 공전하는 동안 이 자전축의 기울기가 유지되어 지구상에 사계절이 야기되는 것이다. 북극이 태양에서 멀어지게 되면 북반구에

32) 옮긴이 주석: 이는 행성의 운동에 관한 케플러의 제1법칙이라고 한다.

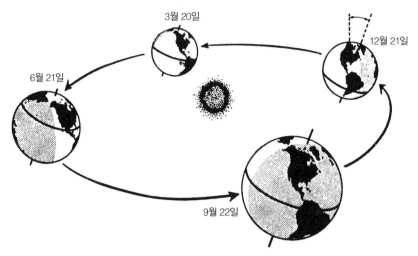

그림 13 네 계절이 바뀌는 모습. 지구의 자전축이 기울어진 채로 태양 주위를 돌기 때문에 햇볕의 강도가 달라져서 사계절이 생긴다. (쿠클라(G.J. Kukla) 제공)

겨울이 오고, 태양 쪽으로 가까워지면 여름이 된다.

케플러는 지구 타원 궤도의 한 초점에 태양이 위치함을 밝혔다(그림 14)[33]. 다른 초점은 비어 있다. 그래서 지구가 매년 한 번 태양의 둘레를 도는 동안, 태양 쪽으로 더 가까워졌다 더 멀어졌다 하게 된다. 매년 1월 3일경이면 지구는 태양에 가장 가까운 공전궤도상의 근일점(近日點, perihelion)이라는 곳에 위치하게 된다. 매년 7월 4일경이면 지구는 태양으로부터 가장 먼 원일점(遠日點, aphelion)에 놓인다. 이때 지구와 태양사이의 거리는 근일점보다 300만 마일이 더 멀다.

각 계절은 지구 궤도상의 방위 기점(方位 基點, cardinal points)이라고 하

---

33) 옮긴이 주석: 이 역시 케플러의 제1법칙에 함께 포함된 내용이다.

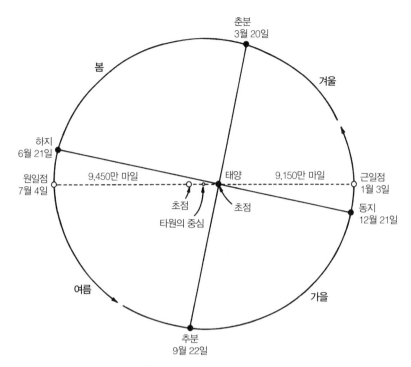

그림 14 분점(分點, equinox)과 지점(至點, solstice). 분점에서는 지구의 자전축이 수식을 이루고 전시 구상에서 낮과 밤의 길이가 같아진다. 지점 중 하나인 하지점(夏至點, summer solstice)에서는 지구 북 극이 태양 쪽으로 기울어져서 북반구에서 낮의 길이가 일년 중 가장 길어진다. 동지점(冬至點, winter solstice)에 올 때는 지구의 북극이 태양에서 먼 쪽으로 기울어지고 북반구에서는 일년 중 가장 짧은 낮이 된다.

는 곳에서 시작한다. 이 자리에 지구가 위치하는 것은 매년 12월 21일, 3월 20일, 6월 21일, 그리고 9월 22일 경이다. 12월 21일에 북반구는 태양으로 부터 가장 먼 쪽으로 기울어져서 겨울이 시작된다. 이 날은 북반구 전역에 서 낮의 길이가 가장 짧은 날이며 동지(冬至, winter solstice)라고 부른다. 남 반구에서는 이 날이 일년 중 낮이 가장 짧으며 여름이 시작되는 날이어서 하지(夏至, summer solstice)라고 부른다.

일년에 단 두 번인 3월 20일과 9월 22일에는 지구의 북극과 남극 모두가 태양으로부터 같은 거리를 이룬다. 이날은 지구상 전역에서 낮과 밤의 길이가 같아진다. 그래서 지구 공전궤도상의 이 두 방위 기점을 분점(分點, equinox)("equal nights")이라고 하는 것이다. 북반구에서 춘분(春分, vernal equinox)(3월 20일)은 봄이 시작하는 날이고 추분(秋分, autumnal equinox)(9월 22일)은 가을이 시작하는 날이다. 남반구에서는 계절이 이와 반대가 된다.

두 분점(分點)을 연결한 선과 두 지점(至點)을 연결한 선은 서로 직교하는데 그 교점에 태양이 있다. 두 직교선 중 짧은 것은 지구의 공전궤도를 길고 짧은 두 부분으로 나누는데, 3월 20일에 시작해서 9월 22일에 이르는 지구 공전궤도 부분은 9월 22일에서부터 3월 20일에 이르는 부분보다 길다. 따라서 북반구에서는 봄과 여름이 가을과 겨울보다 정확히 7일이 더 긴 것이다. 그래서 북반구에서는 낮이 밤보다 연간 168시간(7일 곱하기 24시간) 더 길다. 남반구에서는 이와 반대이다. 즉, 온도가 낮은 계절이 온도가 높은 계절보다 7일 더 길고, 밤이 낮보다 더 길다.

아데마는 남반구에서 햇볕 쬐는 낮보다 암흑의 밤이 해마다 더 길기 때문에 기온이 점점 떨어진다고 주장했다. 현재 남극에 빙원이 발달한 것은 바로 남반구가 빙하기에 들어간 증거라고 그는 말했다.

아데마는 이렇게 오늘날 남반구가 왜 추우며 또 그 일부가 어찌하여 빙하로 덮이게 되었는지를 잘 설명했다는 만족감 속에서, 과거 북반구에 빙하가 왔던 이유도 설명하고자 나섰다. 그의 이론은 오랜 시간이 흐르면서 지구 자전축의 방향이 변해간다는 사실에 기초한다. 이 변화는 기원전 120년에 히파르쿠스(Hipparchus)가 자신의 관측 결과를 150년 앞선 티모카리스(Timocharis)의 관측 결과와 비교하는 과정에서 발견됐다. 오늘날 (북반구에서 올려다 볼 때) 별들이 회전하는 중심점은 북극성 근처에 있다. 북극성(北極星, Pole Star)이라는 명칭은 북극이 이 별을 가리키는 것으로 보여 붙여진 것이다. 지금은 북극성이 작은곰자리 끝에 위치하는데, 기원전 2,000년에는 작은곰자리와 큰곰자리의 중간에 위치했었다. 기원전 4,000년에는 큰 곰자리 끝에 위치했다. 천문학자들은 이들 위치를 천체도에 찍어보고 북극성이 한 점에 머무르지 않는다는 것을 알게 되었다. 다시 말해 지구 자전축이 팽이 축처럼 근들근들 흔들거리는 운동(wobble)을 하는 것이다. 그래서 북극은 우주공간에 원을 그리게 된다(그림 15). 이 운동을 분점의 세차운동(分點의 歲差運動, precession of the equinoxes)[34]이라고 하는데, 속도가 매우 완만해서 지구축이 제자리로 한 바퀴 돌아오는 데는 26,000년이 걸린다. 1754년에 프랑스의 수학자 달랑베르(Jean le Rond d'Alembert)가 이 현상을 분석했는데, 이는 불룩 나온 지구의 적도 부분(earth's equatorial bulge)[35]에 해와 달의 인력이 작용하기 때문으로 밝혀졌다.

세차운동은 지구 궤도상의 네 방위 기점(cardinal points)을 서서히 이동시킨다. 북극을 하늘에서 내려다보는 견지에서, 이동 방향은 시계방향이다(그림 16). 이와 동시에 그리고 이에 독립적으로 타원형의 공전궤도도 같은 면에서 훨씬 느린 반시계방향의 회전운동을 한다. 이 두 운동은 결국 네 방위 기점이 지구 공전궤도를 따라 서서히 이동하게 만든다. 바로 이 이동 때문에 분점의 세차운동이 기후에 영향을 미치는 것이다.

••

34) 옮긴이 주석: 줄여서 그냥 세차운동(precession)이라고도 한다.

35) 옮긴이 주석: 지구는 약간 납작한 타원체의 형상을 하고 있는데, 오늘날(GRS80)의 수치로 말하면 적도반경(6378.137 km)이 극반경(6356.752 km) 보다 21.385 km 더 크다. GRS80 이란 1980년에 국제측지연맹(International Association of Geodesy)이 채택한 지구의 표준 형상(Geodetic Reference System)이다.

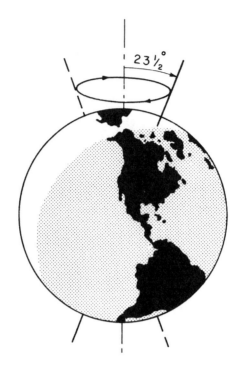

그림 15 지구의 세차운동(歲差運動, precession). 지구의 불룩 나온 적도 부분에 태양과 달의 인력이 작용해서 지구 자전축이 26,000년의 주기로 서서히 원을 그리는 운동을 하게 된다. 이러한 축 회전에 덧붙여, (수직으로부터) 평균 23½° 기울어져 있는 지구 자전축은 또 ±1½°의 기울기(tilt angle) 변화를 한다.

달랑베르가 밝혀낸 바에 따르면 분점이 지구 공전궤도를 따라 한 바퀴 도는 주기는 22,000년이다. 오늘날은 지구가 태양에 가까운 위치에 있을 때 북반구에서 겨울이 시작된다. 11,000년 전에는 오늘날과 반대쪽, 즉 태양으로부터 멀리 떨어진 위치에 있을 때 겨울이 시작했다. 보다 앞선 22,000년 전에는 지구의 위치가 오늘날과 같았다.

아데마는 이 22,000년 주기를 함수로 빙하 기후가 도래한다는 이론을 세웠다. 어느 반구든 겨울이 더 길면 빙하기가 된다고 했다. 따라서 매

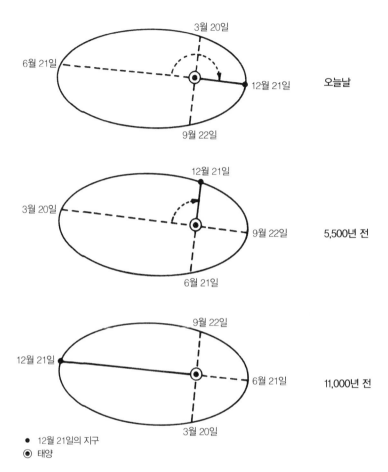

그림 16 분점의 세차운동. 지구 자전축의 세차운동 및 또 다른 천문학적 운동으로 인하여 분점(分點, equinox)(3월 20일과 9월 22일)과 지점(至點, solstice)(6월 21일과 12월 21일)의 위치가 지구 공전궤도 상에서 22,000년의 주기로 서서히 이동한다. 11,000년 전에는 동지점(冬至點)의 위치가 지구 공전궤도의 먼 한쪽 끝에 있었다. 오늘날에는 동지점이 그 반대쪽으로 이동했기에 12월 21일의 지구-태양 간 거리가 달라졌다.

11,000년마다(매 반주기마다) 남·북 반구가 교대로 빙하기에 접어든다는 말이다.

아데마 이론은 대부분 면밀한 고찰에서 나온 것이다. 그런데 일부 과장된 면이 있어서 이 이론 전체가 의심을 받게 되었다. 즉, 아데마는 거대한 남극 빙원이 엄청난 질량을 가지기에 그 인력으로 북반구의 물을 끌어들여서 남반구의 해수면이 솟아오른다고 주장했다. 또한 그는 남반구의 기온이 올라가면 거대한 남극 빙관(氷冠)이 부식되어 물러지고 결국에는 그 하부가 따뜻한 바닷물에 먹혀 들어가 마치 커다란 버섯모양으로 덩그러니 남게 될 것이라고 했다. 종국에는 덩어리 전체가 바다 속으로 무너지고, 큰 빙산들이 가득한 어마어마한 조석파가 북쪽으로 밀려들면서 육지를 삼킨다는 것이다.

당대 사람들은 이 바다의 혁명[36] 이야기를 단순한 판타지로 취급했지만 그의 천문학적 이론 부분은 쉽사리 비판할 수가 없었다. 그러던 중에 첫 번째 비판이 독일의 자연연구가인 알렉산더 폰 훔볼트(Alexander von Humbolt) 남작으로부터 나왔다. 1852년에 그는 아데마의 아이디어의 기본, 즉 지구에서 한쪽 반구가 차가워지는 동안 다른쪽 반구는 더워진다는 생각이 틀렸다고 지적했다. 그는 양 반구의 평균 온도가 낮과 밤의 길이에 좌우되는 것이 아니라 한 해 동안 받아들인 태양에너지의 총량에 의한다고 했다. 그리고 그는 수년 전 달랑베르가 계산해 보인 바대로 지구가 태양으로부터 멀리 놓여 태양열을 적게 받은 만큼의 에너지는 반대 계절에 태양에 가까워져서 정확히 보상된다고 했다. 그래서 일년 동안 한쪽 반구

∷

36) 옮긴이 주석: "바다의 혁명(Revolutions of the Sea)"은 이 장 첫머리에 언급한 대로 아데마가 1842년에 펴낸 책 이름이기도 하다.

가 받는 태양열의 총량은 다른쪽 반구가 받는 양과 항상 같다는 것이다.

남반구가 더 추운 정확한 이유는 몇 년 후 밝혀지게 되었다. 남극 대륙은 다른 땅덩어리로부터 격리되어 남극점에 놓여 있으며, 따뜻한 해류의 조절 영향권에서 멀리 벗어나 있어서 만년 빙원이 유지될 정도로 추운 것이다. 또한 빙원 자체가 태양에너지의 상당 부분을 우주공간으로 되 반사시키기에 더욱 추워진다.

비록 아데마의 이론은 옳지 않은 것으로 판명되었지만, 빙하기의 비밀을 푸는 중요한 한 발을 내딛은 것은 분명하다. 분점의 세차운동과 같은 천문학적 현상이 지구 기후에 중요한 영향을 미친다는 생각은 잊혀지지 않고 남아 있다가, 미래의 발견에 초석이 된다.

6
제임스 크롤의 천문 이론

1842년에 *바다의 혁명(Revolutions of the Sea)*이라는 책이 나온 후 마침내 아데마의 생각을 받아들여 기후에 대한 새로운 천문 이론으로 발전시킨 사람이 있었다. 그는 스코틀랜드의 밴코리(Banchory)라고 하는 조그만 마을에 사는 한 기계기술자였다. 그의 이름은 제임스 크롤(James Croll)이었는데, 21세의 나이에 매우 학구적인 사람이었으나 생계는 어렵고 벌이도 신통치 않았다. 다음은 그의 훗날 회고담이다. "잠자리를 일주일에 줄잡아 세 번이나 바꿔야 했는데, 어떤 곳도 편안치 못했다. 우리 기계 수리공들은 통상 농가의 오두막에서 자야 했는데 … 쥐들의 습격을 피하려고 옷 속으로 몸을 꽁꽁 감춰야 했다."

크롤은 어린 시절을 울프힐(Wolfhill)이라는 작은 마을의 가족 농장에서 보냈다. 그의 아버지는 돌을 쌓는 석수였는데 일년의 상당 기간을 집을 떠나 있었다. 제임스는 13세 때 학교를 그만두고 집에서 어머니를 도와야 했다.

그런데도 그는 자력으로 공부를 계속했고 곧 철학과 신학 서적에 빠져들었다. 물리학에 대한 느낌을 그는 훗날 다음과 같이 회고했다. "처음에는 어렵고 당황스러웠다. 그러나 곧 여러 개념들이 멋지고 간결하다는 것을 알게 되었고 내 마음은 온통 경이와 즐거움으로 가득 찼다. 그래서 나는 물질에 대한 공부에 열중했다." 그의 진지한 성격은 곧바로 자연의 원리를 깨달으려는 집착으로 발전했다.

어떤 법칙을 이해하기 위해 나는 통상 이 법칙의 뿌리가 되는 그 이전의 법칙이나 조건에 친숙해지려고 노력했다. 천문 물리학으로 나아가기 이전에 나는 뒤돌아가서 운동의 법칙과 역학의 기본 원리를 공부해야 했다. 이런 식으로 나는 공기역학, 유체역학, 광학, 열, 전기학 그리고 자기학을 공부했다.

16세가 되었을 때 크롤은 "이 같은 물리학 분야의 기본 원리에 대해 상당한 지식"을 터득하게 되었다. 하지만 과학자로서의 경력을 가지려면 대학 교육이 필요했다. 그러나 그것은 집안의 능력을 넘어서는 일이었다. 1837년 여름 그는 취직을 하기로 했다.

며칠 동안 숙고한 끝에 나는 기계공으로 일하기로 했다. 이론역학을 좋아하므로 나는 이 직업이 제일 잘 맞는다고 생각했다. … 그런데 후에 나는 이 생각이 잘못이라는 것을 알게 되었다. 이론역학에는 능숙했지만 실제 일하는 기계공으로서는 평균에도 못 미쳤던 것이다. 천성상 이론적으로 생각하는 나에게는 일상 작업에서 벌어지는 실용적인 세세한 것들이 맞지 않았다.

생계를 꾸려야 한다는 현실적 문제와 독서하고 공부하고 싶은 열망 사이의 갈등은 오랫동안 크롤의 인생을 지배했다. 1842년 가을, 그는 학업에 대한 간절한 소망을 실현하고자 마침내 기계공 일을 그만두고 대수학(代數學) 공부를 하고자 집으로 돌아갔다. 다음해 봄에는 목수로 취업했다. 이 직업이 자신에게 잘 맞는다고 느낀 그는 목수 일을 생업으로 삼기로 했다. 그런데 어렸을 때 완전하게 치료하지 못한 팔꿈치의 상처가 화농을 일으켰다. 팔꿈치의 고통이 점점 더 커져서 1846년에 크롤은 다시 다른 직업을 찾아야 했다. 아무 일이나 하기로 작정한 그는 한동안 찻집(tea shop)에서 일하다가 결국 자기 소유의 가게를 열었다. 이러는 동안 크롤은 이사벨 맥도널드(Isabelle MacDonald)를 만나 결혼했다. 그들은 엘진(Elgin)이라는 마을에 정착하여 편안한 삶을 누릴 수 있게 되었다.

훗날 크롤이 말했다. "신의 뜻이란 알 수 없지요. 인생 초반에 일어난 단순한 사고가 아니었더라면 나는 아마 죽을 때까지 소목쟁이로 남아 있었겠지요." 그 대신 그는 시간이 오래 걸리는 손일에서 벗어나 독서하고 생각할 시간을 갖게 되었다. 자유의사에 대한 철학적 질문을 다룬 조나던 에드워즈(Jonathan Edwards)의 논문을 발견하고 크롤은 "나는 책 앞머리부터 모든 쪽과 모든 행을 연구하면서 이 책을 완전히 독파했다. 이를 나는 최대의 주의력으로 해나갔다. 때로는 단 한 페이지 때문에 하루 종일을 보내기도 했다. 아마도 이 책을 연구하느라고 나처럼 많은 시간을 들인 사람은 없을 것이다."

연구에 들인 만큼의 에너지를 크롤이 가게에 쏟았더라면 그의 사업은 번창했을 것이다. 그런데 크롤의 자서전을 쓴 친구 제임스 아이언스(James C. Irons)는 크롤이 기질적으로 가게 운영과는 맞지 않는다고 말했다. "그는 진짜 친한 친구들과 마음 맞는 대화를 할 때만 나서지 그 외에는 죽는

날까지 조신하고 수줍음 타고 유머 없이 건조해서 거의 말을 하지 않는 성격이었다." 또 다른 친구도 다음과 같이 맞장구 쳤다.

그를 보면 뭔가 아주 특이했다. 큰 머리에 이마는 무거웠고, 용모는 온화해 보이나 둔중한 체형, 거기에 각질의 딱딱한 손과 뻣뻣한 팔을 가지고 찻집의 카운터 뒤에 서 있었다. … 누구든지 그를 얼핏이라도 보면 가게를 할 기질이 아니라는 것을 바로 알 수 있었다. 그는 타고난 가게 주인은 아니고 분명 다른 계통의 사람으로 보였다.

1850년이 되자 팔꿈치가 완전히 경직되어 그는 찻집을 팔아 처분하지 않을 수 없었다. 한동안 그는 몸의 통증을 완화시키는 전기 기구를 만들어 팔았다. 그러나 이 시장이 곧 포화되는 바람에 1852년에는 여관 운영으로 직업으로 바꿨다. 자금이 다 바닥난 때문에 그는 여관 내의 가구들 대부분을 손수 만들었다. 이 새 사업을 시작한 곳은 블레어고우리(Blairgowrie)라는 곳인데 주민은 3,500명에 불과하고 기찻길에서 멀리 떨어져 있음에도 여관과 민박집이 16개나 되는 마을이었다. 더욱 불리한 것은 크롤이 자기 업소에서 위스키를 허용하지 않는다는 것이었다. 예상대로 여관은 망했다. 1853년에 크롤은 새 직업을 찾았는데, 그것은 생명보험을 파는 일이었다.

그 후 4년 동안 크롤은 우선 스코틀랜드에서 그 다음은 잉글랜드에서 보험 상품을 팔았다. 훗날 그는 이 시기가 일생에서 가장 불편했던 시절이었다고 회상했다. "은거와 고독을 즐기는 나로서는 끝없이 낯선 사람들의 환심을 사야만 하는 것이 고통스러웠다." 그럼에도 불구하고 그는 1857년까지 이 직업을 계속 유지했다. 그러나 그해 아내가 아프게 되는 바람에 그는 보험회사를 그만두지 않을 수 없었다. 크롤 부부는 글래스고로 이사했고 아내 이사벨은 거기서 자매들의 간호를 받았다. 실직 기간에 크롤은 "이제 시간을 완벽히 즐길 수 있게 되었고" 그래서 "내가 좋아하는 유신론 (有神論, theism)적 사변철학(思辨哲學, metaphysics)에 대한 몇 가지 생각들을 해보게 되었다." 그는 원고를 들고 런던으로 가서 출판업자를 만났다. 그가 쓴 책 유신론 철학 (*The Philosophy of Theism*)은 호평을 받아서 출판사와 크롤은 수익을 올렸다.

두 해 후 크롤은 글래스고의 앤더슨 대학 및 박물관(Andersonian College and Museum in Glasgow)의 건물 관리인으로 취직했다. "각 곳을 다 생각해보아도 이보다 내 성격에 맞는 곳이 없었다. 봉급은 사실상 살아가기에 빠듯했지만 다른 장점이 이를 보상했다"라고 크롤은 회고했다. "공부하고 싶어 참을 수 없는 성벽"의 그는 훌륭한 과학 도서관을 이용할 수 있었고, "모든 에너지를 사업에다 쏟는 바람에 할 수가 없었던 공부"에 드디어 그가 몰두할 수 있게 된 것이다.

우선 그는 물리학에 집중해서 1861년에는 선기 현상에 관한 과학 논문을 발표했다. 그런데 그 후에는 관심이 지질학으로 전환되었다. 다음은 훗날 그가 적은 것이다. "이 시기에 지질학자들 사이에서는 빙하기의 원인에 대한 흥미로운 토론이 진행되고 있었다. 1864년 봄에 나는 이 문제에 주목하게 되었다." 공부하는 과정에서 크롤은 25년 전에 나온 아데마(Adhémar)의 책을 접하게 되었다. 그는 더운 계절과 추운 계절의 길이가 변하면 빙하기가 온다는 이 프랑스 수학자의 말이 옳지 않다는 것을 알아차렸다. 그래서 크롤은 어떤 다른 천문학적 메커니즘(mechanism, 機作)이 빙하기라고 하는 지질학적 현상의 뒤에 숨어 있다고 믿었다.

크롤은 프랑스의 위대한 천문학자 르베리에(Urbain Leverrier)가 최근의 연구에서 지구 공전궤도의 이심률(離心率, orbital eccentricity)[37]이 느리지만 서서히 변한다고 밝힌 바를 잘 알고 있었다. 이것은 프랑스의 자연연구가 아데마가 미처 생각하지 못했던 천문학적 정황이다. 아데마는 지구 자전축의 세차운동을 가지고 빙하 이론을 세우면서 지구 공전궤도의 모양은 불변인 것으로 생각했는데, 크롤은 빙하기의 진짜 원인이 이 지구 공전궤도 모양의 변화에 있다고 착상했다. 그래서 그는 이에 대한 논문을 *철학매거진 (Philosophical Magazine)* 1864년 8월호에 발표했다.

논문은 상당한 관심을 불러 일으켰다. 그래서 이 문제를 좀 더 깊이 다루어달라는 요청이 여러 차례 왔다. 나도 이 문제가 새롭고 재미있어 그렇게 하기로 했다. 그런데 당시 나는 이 문제가 그렇게도 어려워서 완전히 푸는데 20년이라는 긴 시간이 걸릴 줄은 생각도 하지 못했다.

크롤이 맨 먼저 한 일은 르베리에가 지구 공전궤도의 이심률 변화를 어떻게 계산해냈는지 그 수학적 이론을 이해하는 일이었다. 이 이론은 바로 뉴턴의 중력의 법칙을 응용한 것이었다. 태양계 여러 행성들은 지구에 인력을 작용하여 태양을 중심으로 공전하는 타원 궤도로부터 이탈시키려 한다. 각 행성들은 태양 주위를 각기 다른 속도로 돌고 있기에 지구에 작용하는 그들 전체의 인력은 시간에 따라 복잡하게 변한다. 그러나 이것은 계산이 가능하다. 르베리에가 한 것은 당시 존재하는 각 행성들의 궤도와 질량 정보를 가지고 지난 100,000년 동안 지구의 공전 궤도 및 지구 자전축

37) 옮긴이 주석: 이심률이란 지구의 공전궤도가 원으로부터 벗어나 타원으로 된 정도를 나타내는 값이다. 이는 [중심에서 초점까지의 거리]/[장축]의 비율로 정의되며(즉 $e=c/a$) 0.005에서 0.058 사이의 값을 갖는다. 현재의 값은 0.017이다. 이심률의 변화 주기는 다소 복잡한데 100,000년(100 kyr)과 404,000년(404 kyr)의 두 가지로 대표된다.

의 기울기가 어떻게 변해왔는지 계산하는 일이었다. 시간에 따른 변화를 규명하는 이 복잡한 계산을 위해 르베리에는 10년의 세월을 들여야 했다. 당시까지 알려진 7개 행성의 궤도와 질량을 가지고 시행한 계산 결과가 1843년에 발표되었는데 이는 곧 해왕성의 발견으로 이어졌다.

르베리에는 타원의 장축에 대한 두 초점 간의 거리의 백분율을 공전궤도 이심률이라고 정했다.[38] 타원이 원에 가까워지면 두 초점은 근접해가고 이심률은 0으로 수렴한다(그림 17). 반대로 더 길쭉한 모양의 타원일수록 초점 간의 거리는 멀어져서 이심률은 100 퍼센트에 접근한다. 현재 지구 공전궤도의 이심률은 약 1퍼센트로 낮다. 타원 궤도의 모양은 지속적으로 변하는데 르베리에의 계산에 의하면 지난 100,000년 동안 최소 0퍼센트 근처의 값에서 최대 6퍼센트까지 변했다고 한다.

크롤은 르베리에가 만들어낸 공식을 이용해서 지난 300만 년 동안의 지구 공전궤도의 이심률 변화를 계산하여 도시했다(그림 18). 이로써 크롤은 지구 공전의 역사를 연구한 최초의 시질학사가 되었다. 크롤은 공전궤도의 이심률이 주기적으로 변한다는 것을 알게 되었다. 즉, 높은 이심률을 가진 수만 년의 시간이 지나가면 낮은 이심률의 기간이 또 오랫동안 계속되는 것이었다. 크롤은 약 100,000년 전에 지구는 높은 이심률의 상태에 있었고 약 10,000여 년 전에는 낮은 이심률이 되었다는 점에 주목하고, 높은 이심률과 빙하기가 모종의 관련을 가질 것이라는 결론을 내렸다. 크롤은 그것이 무엇인지 파헤쳐나갔다.

크롤의 첫 시도는 실망으로 끝났다. 왜냐하면 르베리에에 의하면 지구

∴
38) 옮긴이 주석: 이렇게 하면 앞서 각주에서 말한 이심률 값의 2배가 나온다(즉 $e'=2c/a$). 앞선 각주의 정의(즉 $e=c/a$)가 오늘날에 통용되는 정의다.

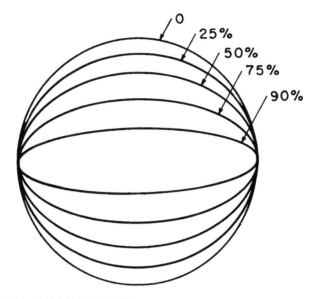

그림 17 이심률(離心率) 차이에 따른 타원의 형태.

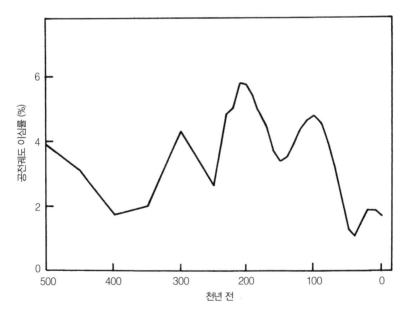

그림 18 제임스 크롤(James Croll)이 계산한 지구 공전궤도의 이심률(離心率, orbital eccentricity) 변화. 크롤에 따르면 높은 이심률 기간에 빙하기가 온다고 한다. (크롤(J. Croll) 1867의 자료).

공전궤도의 이심률이 변하더라도 사실상 지구가 일년 동안 받는 열의 총량은 변하지 않는 것으로 나타나기 때문이다. 그러나 크롤은 용기를 잃지 않고 나아갔다. 결국 그는 지구가 *계절*에 따라 받는 열량이 이심률의 변화에 크게 좌우된다는 것을 밝혀냈다. 그래서 그는 계절 변화에 기초해서 빙하기 이론을 세워가기 시작했다.

그는 *겨울*에 태양열의 양이 감소하면 강설량이 증대된다고 생각했다. 나아가, 이렇게 눈 덮인 지역이 늘어나면 태양광이 더 많이 우주로 반사되어 열손실이 늘어나는 것이다. 그래서 크롤은 천문학적으로 야기된 그 어떤 변화라도 (비록 그것이 아무리 작더라도) 눈 덮인 대지 자체에 의해 증폭된다는 결론을 내렸다. 크롤은 오늘날 "양성 환류(陽性 還流, positive feedback)"라고 부르는 이 중요한 아이디어를 생각해낸 최초의 과학자인 것이다.

빙하기의 중요 요소가 겨울이라는 것을 알아내어 흡족해진 크롤은 겨울의 일조량을 결정짓는 천문학적 요소가 무엇인지를 밝히기 위한 노력을 계속했다. 그의 결론은 분점의 세차운동(分點의 歲差運動, precession of the equinoxes)이 결정적인 역할을 한다는 것이었다. 지구가 태양에 가까워졌을 때 겨울이 오면(오늘날의 북반구처럼), 그 겨울은 평년보다 따뜻할 것이다. 이와 반대로 지구가 태양에서 멀어졌을 때 겨울이 오면 기온이 평년보다 낮아질 것이다(11,000년 전의 북반구처럼).

다른 방법을 통해 크롤은 25년 전의 아데마와 똑같은 결론에 도달한 것이다. 즉 세차운동 주기에 의해 매 11,000년마다 남반구 혹은 북반구에 추운 겨울이 도래한다는 결론이다. 아울러 크롤은 이와 같이 계절의 강도를 변화시키는 세차운동의 효율이 공전궤도의 모양에 따라 달라진다는 것도 보였다. 예를 들어 공전궤도가 원형일 때는 분점의 세차운동이 기후 전혀 영향을 주지 않는다. 매 계절 태양까지의 거리가 똑같기 때문이다. 이처럼 이심률이 0인 동안은 겨울이 아주 춥지도 아주 따뜻하지도 않은 평상의 강도이다. 크롤은 이심률이 1퍼센트 정도에 불과한 오늘날이 이와 같은 상황이라고 지적했다. 이심률이 작은 기간에는 동지점(冬至點, winter solstice)이 지구 공전궤도의 어디에 놓이더라도 빙하기가 초래될 정도로 겨울이 춥지는 않다는 것이 그의 결론이다. 그러나 이심률이 커지면 달라진다. 동지점이 짧은 궤도상 즉 태양 가까이에 놓이면 예외적으로 따뜻한 겨울이 되고, 반대로 긴 궤도상 즉 태양 멀리에 놓이면 예외적으로 추운 겨울이 된다는 것이다.

세차운동 주기와 지구의 공전궤도 모양 변화 모두를 고려한 크롤의 이론을 따를 때, 다음 두 조건 모두를 만족시키는 반구에는 빙하기가 온다고 예언할 수 있다. 즉, 공전궤도가 아주 길쭉하고 동지점이 태양에서 멀리 위치할 때다. 그림 19는 어떻게 이 두 조건이 함께 작용해서 지구-태양 간의 거리가 달라지고 기후 변화가 일어나는가 하는 크롤의 생각을 나타낸다. 12월 21일에 지구와 태양간의 거리가 멀어지면 북반구에 빙하가 찾아온다. 같은 날에 태양이 가까워지는 상황이 되면 남반구에 빙하가 일어난다. 이렇게 각 빙하기는 22,000년 주기로 북반구와 남반구에서 교대로 일어나 약 10,000년 동안 지속된다. 크롤은 공전궤도의 이심률이 빙하기가 도래할 만큼 충분히 큰 긴 기간을 빙하세(氷河世, Glacial Epoch)라고 하고, 각 빙하세 사이의 긴 기간을 간빙세(間氷世, Interglacial Epoch)라고 했다. 이러한 관점에서 볼 때, 지난 최후의 빙하세는 약 250,000년 전에 시작해서 약 80,000년 전에 끝났다. 그 이후 지구는 간빙세에 들어와 있다.

크롤은 지구 궤도의 변화로 기후 변화가 일어난다는 데는 의심이 없었으나, 그 변화가 미소한 데 반해서 지질학적 기록에 나타난 기후 변화는

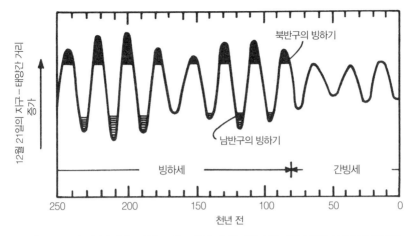

그림 19 크롤의 빙하기 이론. 크롤은 12월 21일의 지구와 태양 사이 거리가 빙하기 도래 여부에 중요하다고 믿었다. 이 거리가 어떤 임계값을 넘으면 북반구에서 겨울이 매우 추워지고 빙하기(氷河期, ice age)가 시작된다. 반대로 이 거리가 임계값 이내에 들어오면 남반구에 빙하기가 온다. 빙하세(氷河世, glacial epoch) 동안은 지구 궤도의 이심률이 임계값을 초과했다.

너무 크다는 점이 마음에 걸렸다. 비록 궤도변화 효과가 태양광의 반사 작용에 의해 증폭된다고는 하지만 말이다. 1–2 퍼센트의 이심률 변화가 정말로 유럽과 북미 대륙 대부분을 뒤덮는 거대한 빙원을 만들어낼 수 있었다는 말인가? 크롤은 훗날의 연구자들이 제기할 반대 의견을 예지한 것이다. 그는 이 문제를 그 특유의 기지를 가지고 접근했다. 미소한 궤도의 변화가 지구의 기후체계에서 중대한 반응을 시발시키는 방아쇠 역할을 한다는 가설을 세운 것이다. 기후학적 반응을 규명하려는 시도로써 크롤은 대서양의 거대한 난류에 주목했다.

오늘날, 적도를 가로지르며 서쪽으로 흐르는 적도 해류는 브라질 해안에서 북으로 꺾여 걸프 해류와 합류한다. 이렇게 해서 열이 남반구에서 북반구로 이동하는 것이다. 그러나 만약 어떤 작용이 이 적도 해류의 방향을 변하게 만들어 브라질 동해안의 가장 뾰족 나온 부분보다 더 남쪽에 부딪치도록 한다면 이 난류는 남반구로 가게 될 것이다. 그러면 열이 반대로 가게 되니까 북반구는 추워질 것이다.

어떤 작용이 적도 해류의 방향을 변하게 할까? 이에 대한 답을 얻기 위해 크롤은 대양의 주된 해류들 각각이 왜 그 방향으로 흐르는지를 설명하는 새로운 (그리고 근본적으로 옳은) 이론을 내놓았다. 크롤은 적도 근처에서 서향으로 흐르는 해류 그리고 걸프 해류처럼 극으로 흐르는 해류는 마치 찻잔의 물을 입으로 부는 경우와 같이 무역풍에 의한 작용이라고 지적했다. 그런데 이 무역풍의 속도는 극지의 기온에 좌우된다는 것이다. 극지가 추워지면 지구의 복사 수지 균형을 맞추기 위해 더 많은 열이 이동되어야 한다. 그래서 무역풍이 강해진다는 것이다. 극이 추울수록 바람이 더 세지는 것이다. 이러한 분석을 통해 크롤은 세차운동 주기가 한쪽 반구에서 빙원을 넓히면 무역풍이 더 강해져서 모든 대양의 적도 난류가 그 반구를 향해 흐르도록 만들어지기 때문에 더욱 많은 열을 잃게 된다고 결론지었다. 크롤은 이러한 효과가 대서양 저위도 지역에서 특히 강하다고 생각했다. 그 이유는 브라질의 뾰족 나온 해안의 작용으로 적도 해류가 남 혹은 북으로 휘어지기 때문이라는 것이다. 다시 말해 천문학적 요인으로 야기된 복사량의 변화가 직접적으로 기온 변화를 일으키고, 그 효과가 반사-환류(reflection-feedback) 작용으로 한번 증폭된 후에, 다시금 해류의 방향 변화로 재차 증폭되는 것이다.

그러는 동안, 크롤이 자신의 이론을 널리 알릴 절호의 시기가 무르익고 있었다. 1864년의 상황은 아가시가 윌리엄 벅랜드와 찰스 라이엘을 설득하는 데 성공했고 빙하기의 개념이 거의 전적으로 받아들여진 바, 지질학자들은 빙하기가 순환하는 이유를 설명할 방도를 애타게 찾고 있는 터였다. 깊은 숙고를 통해 제시된 크롤의 이론은 지질학적 기후 기록과 천문학적 예언을 비교하면 검증이 가능한 것이다.

크롤의 논문에 감화된 여러 과학자들 중에는 스코틀랜드 지질조사소(Geological Survey of Scotland) 소장으로 새로 발령받은 아치볼드 게이키 경(Sir Archibald Geikie)이 있었다. 일을 잘해보려는 욕망으로 가득했던 게이키는 크롤에게 글래스고의 직장을 그만두고 지질조사소로 와달라고 요청했다. 1867년에 크롤은 게이키의 제안을 수락하고 에딘버러(Edinburgh)로 이사해서 연구를 계속했다. 1875년에 크롤은 *기후와 시간 (Climate and Time)*이라는 책을 발간했다. 이는 빙하기의 원인에 대한 그의 견해를 집약한 것이었다. 이 책에서 크롤은 지구 자전축의 기울기 (및 공전궤도의 이심률)가 시간에 따라 변한다는 르베리에의 계산도 넣어 자신의 원래 이론을 확장시켰다. 현재 23½°인 지구 자전축의 기울기는 최저 22° 최고 25°가 되는 약 3°의 변화폭을 가진다. 크롤은 자전축이 수직에 가까워질수록 빙하기의 가능성이 증대된다는 가설을 세웠다. 이 경우 극지가 태양열을 덜 받기 때문이다. 유감스럽게도 르베리에는 이 기울기가 변해가는 시각을 계산해놓지 않았다. 그래서 크롤은 이 중요한 문제를 더 깊이 고찰하지 못했다.

이 책이 간행된 1년 후 크롤은 영국 왕립협회의 회원(Fellow of the Royal Society of London)으로 임명되었다. 그 후 크롤은 세인트 앤드류스 대학교(University of St. Andrews)에서 법학박사 학위(L.L.D.)를 받았다. 밴코리(Banchory)에서 기계기술자로 경력을 시작한 후, 엘진(Elgin)에서 찻집을 경영하다가 블레어고우리(Blairgowrie)에서는 실패한 여관주인이 되었고, 글래스고(Glasgow)에서는 건물관리인으로 일했던 사람이 이제 세계적으로 유명한 과학계 인물(그림 20)이 된 것이다. 그러나 운명의 여신은 그에게 오래도록 미소를 보내주지 않았다. 1880년 나이 59세에, 그의 말로는 사소한

그림 20 제임스 크롤(James Croll)의 사진. 아이언즈(J.C. Irons, 1896)로부터.

사고라고 하는데, 뇌를 다쳐서 지질조사소에서 사직되었다. 그로부터 세상을 뜰 때까지 10년간, 크롤은 연금문제로 이득 없는 법적 다툼을 끌어가야 했다.

결국 몇몇 과학단체에서 제공한 보조금 덕택에 크롤과 가족은 퍼스(Perth) 근처의 작은 집으로 이사할 수 있었다. 거기서 5년 동안 제임스 크롤은 지속되는 두통을 무릅쓰고 독서와 집필을 계속하면서 자신의 빙하 이론을 발전시키기 위해 진력했다. 그러다 1885년이 되어서는 과학 일을 그만두고 원래 좋아하던 철학으로 돌아갔다. 1890년에는 *진화의 철학적 기반* (*The Philosophical Basis of Evolution*)이라는 조그만 책을 발간했다. 그해에 친구들 몇 명이 크롤을 찾아와서 출간을 축하하는 위스키 잔을 들어 올렸다. 친구들은 음식을 절제중인 크롤이 "안하던 농담"을 하는 것을 보고 놀랐다. 그는 띄엄띄엄 말하는 것이었다. "나 쪼끔 한 방울만 마실게." "나 이제 술 마시는 거 배우는 거 겁나지 않아." 며칠 후 크롤은 69세의 나이로 세상을 떠났다.

7

크롤 이론에 대한 논쟁

크롤(Croll)의 이론은 즉각 과학계에 심대한 영향을 미쳤다. 이제 드디어 빙하기에 대해 타당하게 보이는 이론이 나타난 것이며, 또 이 이론이 예언한 것을 지질학적 기록으로써 검증해볼 수도 있는 것이다. 그래서 크롤의 이론은 그 후 30여 년에 걸쳐서 널리 그리고 뜨겁게 논의되었다. 표류 퇴적물에서 사실을 파헤쳐보고자 세계적인 탐사 여행이 조직되기도 했으며, 과학잡지에는 크롤 이론의 세부사항을 면밀히 살피는 기사들이 실렸고, 지질학 교과서에는 찬성과 반대의 주장이 여러 페이지를 차지했다.

크롤 이론을 맨 먼저 지지하고 나선 이는 아치볼드 게이키(Archibald Geikie)의 형제이자 스코틀랜드 에딘버러 대학교(University of Edinburgh)의 교수인 제임스 게이키(James Geikie)였다. 1874년에 간행된 그의 저서 *대빙하시대*(*The Great Ice Age*)는 아가시의 1840년 작 *빙하의 연구*(*Studies on Glaciers*)가 나온 이래 빙하기 문제를 처음으로 심도 있게 다룬 책이었다.

게이키는 라이엘의 대륙융기설 등 몇 가지 경쟁 이론도 함께 고찰했는데, 모두 "한결같이 지질학적으로 요구되는 증거에 부합하지 않는다"면서 수용하지 않았다. 반면 그는 천문학적 요인에 의해 반복된다는 크롤의 빙하기 이론은 지질학적 증거들이 강력히 뒷받침한다고 주장했다.

이러한 게이키의 주장은 최근에 발견된 증거, 즉 표류토(drift)가 아가시가 상정한 바처럼 단순하게 한차례 빙하의 산물이 아니고 여러 매의 빙퇴석(till) 층들로 이루어진 복합 퇴적물이라는 사실에 근거한다. 각개 빙퇴석 층들은 서로 다른 별개의 빙하를 뜻한다. 이에 덧붙여 빙퇴석 층들 사이에는 빙하기 기후에서 살아남을 수 없는 식물들의 잎이나 씨앗을 가진 갈탄층이 끼어 있다. 따라서 이 퇴적층군은 과거에 빙하기가 여러 차례 있었고 그 사이사이에는 빙하가 없던 따뜻한 기후였음을 분명하게 말하고 있는 것이다. 이렇게 반복으로 도래하는 빙하기가 바로 크롤의 이론이 예언하는 바다.

어떤 곳에서는 단지 두 개의 빙퇴석 층만 나오지만, 다른 곳에서는 최소한 여섯 개의 층이 구별되고 각 층 다음에는 따뜻한 구간이 따랐다. 이러한 증거들은 주로 유럽에서 나왔지만, 게이키는 미국의 지질학자 토머스 챔벌린(Thomas C. Chamberlin)이 쓴 북미의 빙하에 관한 장(章)을 자신의 책에 신중하게 넣었다. 챔벌린은 북미의 표류토가 최소한 3매, 또는 더 많은 빙퇴석 층으로 구성되었다고 말했다. 이를 강조하기 위해 게이키는 인디애나(Indiana) 주 스톤 크릭(Stone Creek)에서 세 층이 서로 다른 색깔로 차곡차곡 쌓여 나오는 사진을 실었다.

게이키와 그의 동료들이 미고화 빙하 표류토에서 빙하기의 역사기록을 풀어내는 동안, 다른 한편의 지질학자들은 표류토 아래에 놓인 암석에서 보다 이전의 지구 역사를 풀어내려는 노력을 기울이고 있었다(그림 21).

그림 21 찰스 라이엘(Charles Lyell)이 기재한 화석을 함유한 지층들. 라이엘은 지구의 역사를 지질학적 기(期, Period)로 나눴는데, 각 기는 일련의 퇴적층으로 대표된다. 가장 오래된 기에는 로렌시안(Laurentian)이라는 이름을 붙였다. (라이엘(C. Lyell, 1865)로부터.)

1830년과 1865년 사이에 찰스 라이엘은 지질시대를 대(代, Era)와 기(期, Period)로 구분하는 체제를 도입했다(그림 22)[39]. 이들 각 기간은 상당히 길었음이 분명하나 정확한 수치는 알 수가 없었다. 지질학자들은 여러 차례에 걸쳐 상당 기간 지속했던 빙하기들을 도대체 라이엘의 연대표 어디에 가져다놓아야 할지 난감했다. 아마도 라이엘의 연대표에서 가장 젊은 신생대에 빙하기를 놓아야 하겠지만, 그 아래로는 얼마나 더 뻗어내려 갈까?

1846년 에드와드 포브스(Edward Forbes)는 빙하기와 간빙기가 플라이오세(Pliocene) 다음에 놓인다고 하면서 이 시대명을 후-플라이오세(Post-Pliocene) 대신에 플라이스토세(Pleistocene)로 개명했다. 그런데 이 플

---

39) 옮긴이 주석: 그림 22 좌상부의 5개 항목, 즉 Recent, Post-Pliocene, Pliocene, Miocene, Eocene은 현대 지질시대 분류체계에서는 기(期, Period)가 아니라 그 아래 계급인 세(世, Epoch)이다. 현대 분류체계에서 Recent와 Post-Pliocene은 제4기(Quaternary Period)를 이루고 Pliocene, Miocene, Eocene은 제3기(Tertiary Period)를 이룬다. 더 자세히 알고 싶은 독자들은 International Commission on Stratigraphy의 웹사이트(http://www.stratigraphy.org/)를 참조하기 바란다.

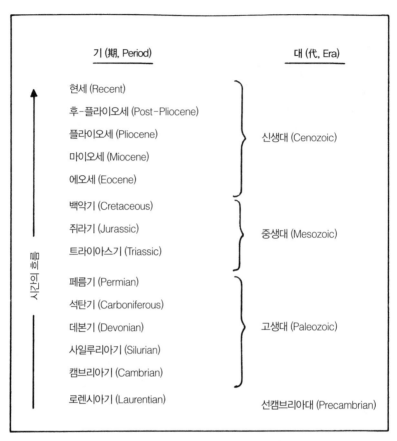

기 (期, Period)　　　　**대 (代, Era)**

현세 (Recent)
후-플라이오세 (Post-Pliocene)
플라이오세 (Pliocene)
마이오세 (Miocene)　　　　　신생대 (Cenozoic)
에오세 (Eocene)

백악기 (Cretaceous)
쥐라기 (Jurassic)　　　　　중생대 (Mesozoic)
트라이아스기 (Triassic)

페름기 (Permian)
석탄기 (Carboniferous)
데본기 (Devonian)　　　　　고생대 (Paleozoic)
사일루리아기 (Silurian)
캠브리아기 (Cambrian)

로렌시아기 (Laurentian)　　　선캠브리아대 (Precambrian)

시간의 흐름

그림 22 라이엘(Lyell)의 지구 역사 분대(分代). 그림 21의 지질학적 기(期, Period)를 라이엘은 대(代, Era)로 묶었다. 보다 앞선 분류에서 라이엘은 플라이오세(Pliocene) 다음에 오는 것을 "플라이스토세(Pleistocene)"라고 명명했다. 그런데 그는 1865년에 이 이름을 폐기했다. (라이엘(C. Lyell, 1865)로부터.)

라이스토세라는 용어는 불과 7년 전 라이엘이 전혀 다른 뜻으로 정의한 바 있는 것이다. 어쨌든 포브스의 제안은 널리 받아들여져서 오늘날까지 쓰이고 있다. 또 오늘날의 지질학자들은 빙하기 이후의 기간인 후-플라이스토세(post-Pleistocene)를 (근세(Recent Period) 대신에) 홀로세(Holocene Epoch)

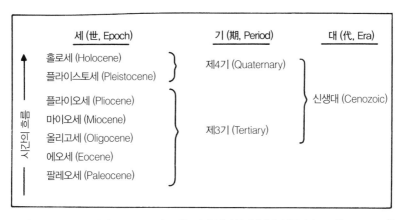

세 (世, Epoch)	기 (期, Period)	대 (代, Era)
홀로세 (Holocene)		
플라이스토세 (Pleistocene)	제4기 (Quaternary)	
플라이오세 (Pliocene)		신생대 (Cenozoic)
마이오세 (Miocene)		
올리고세 (Oligocene)	제3기 (Tertiary)	
에오세 (Eocene)		
팔레오세 (Paleocene)		

시간의 흐름

그림 23 오늘날의 신생대(Cenozoic Era) 분대(分代). 현대적 용어체제에서 "플라이스토세(Pleistocene)"
는 플라이오세(Pliocene Epoch) 바로 뒤의 기간을 의미한다.

라고 부른다. 이러한 용어체제에서 홀로세(Holocene Epoch)는 플라이스토
세(Pleistocene Epoch)와 함께 제4기(Quaternary Period)를 이룬다(그림 23).
이 제4기에는 빙하기와 간빙기가 부침(浮沈)했던 기후 기록이 나온다.

지사학(地史學) 연구가 본격화되면서 빙하기 연구가 새로운 국면을 맞았
다. 즉 플라이스토세 표류토보다 엄청나게 오래된 고생대와 선캄브리아기
암석에서도 빙하의 증거가 발견된 것이다. 이제 지질학자들은 최근인 플라
이스토세 빙하기뿐만 아니라 훨씬 옛날의 빙하기까지 설명해야만 하게 된
것이다. 아울러 이 둘 사이에 따뜻한 기간이 왜 그리 길게 지속되었는지도
함께 말이다. 이 책의 "마치는 장(Epilogue)"에서 언급하는 바대로 이에 대
한 답변은 다음세기에 이르러도 나오기 어려울지 모른다. 플라이스토세 빙
하기에 대한 크롤의 이론을 검증하는 일만으로도 지질학자들은 많은 과업
을 안고 있는 터이기에 말이다.

플라이스토세에 빙하기가 반복되었다는 것은 게이키의 주장대로 천문

학적인 데에 빙하기의 원인이 있다는 방증이라는 것이 다수 지질학자들의 생각이었다. 그런데 다른 일부는 남반구에서 그런 기후 변화의 증거가 나오지 않는 점은 이 이론과 부합하지 않는다는 견해를 보였다. 문제의 핵심은 바로 크롤이 예언한 바, 높은 이심률의 시기에 11,000년의 주기로 빙하기가 남·북반구에 교대로 왔느냐는 것이다. 만약 빙하기가 남·북극 두 지역에서 동시에 일어난 것으로 판명되면 크롤의 이론은 틀린 것이 되고, 반대로 정말 두 반구에 번갈아 온 것으로 나타나면 크롤의 이론은 강력한 지지를 얻게 되는 것이다.

안타깝게도 이중 어느 경우가 맞는지 알아내는 일은 19세기 과학의 능력을 넘어서는 것이었다. 이를 검증하는 유일하고 확실한 방법은 멀리 떨어진 두 지역의 빙하 퇴적층들을 측방으로 추적해서 최소한 한 층이 연속되는지 확인하는 것이다. 남반구에서 빙하 퇴적물은 남미, 아프리카, 호주에서 나오지만 주변 바다로 가로막혀서 북반구 쪽으로 빙하 퇴적물을 추적하며 대비(對比)할 수가 없었다. 두 반구 간의 대비를 위해 게이키와 당대 과학자들이 적용할 수 있는 유일한 방법은 표류토층이 얼마나 풍화되었는지를 비교하는 것이었는데 이는 신뢰도가 낮았다.

크롤의 이론을 검증하기 위해 많은 지질학자들이 남·북반구의 최상부 표류층의 풍화도를 비교했다. 그 결과는 별다른 연령차가 없다는 것으로 나왔고, 그래서 크롤의 이론은 부정되었다. 그러나 한편 다른 이들은 풍화라는 것이 지층 연령뿐만 아니고 수분의 양, 퇴적층의 공극률, 평균 기온, 그리고 영향력을 평가하기 어려운 여러 가지 환경적 요인들에 의해 좌우된다는 점을 지적했다. 나아가 그들은 나이가 11,000년에 불과한 표류토층에서 풍화 강도를 가지고 연령차를 판별해낼 수 있다는 정밀성이 입증되지 않는 한, 크롤의 이론을 틀렸다 할 수는 없는 것이라고 했다. 이 정밀성 문제에서 의견이 엇갈렸다. 게이키는 양 반구의 빙하가 시간적으로 다르다는 느낌이었다. 그러나 그는 신중했고 자신의 의견을 입증할 수 없다는 것을 인정했다. 반면 예일(Yale)의 지질학자 제임스 데이나(James D. Dana)는 "지금까지 양 반구의 빙하기가 근본적으로 동시기가 아니라는 증거가 제시된 적이 없다"는 결론을 내리며 이 난제에서 반대편에 섰다.

크롤 이론을 검증하는 가장 강력한 방법은 그가 계산한 각 빙하기의 시기를 지질학적 기록에 나타나는 연령과 비교하는 것이다. 이론의 빙하기 연령이 실제 빙하층의 연령과 맞아떨어지면 크롤의 이론은 강력해진다. 하지만 어떻게 빙하층의 연령을 정확히 알아낼 수 있단 말인가? 이제 빙하기의 정확한 편년이 천문 이론을 검증하는 핵심 과제가 되었다. 반복해서 말하지만 19세기 기술 수준은 아직 이에 미치지 못했다. 뒤에 보겠지만 이 문제는 한참의 시간이 흐른 뒤에야 충분한 정밀성을 확보하여 풀리게 된다.

그러던 중 19세기 지질학자들은 나이애가라 폭포(Niagara Falls) 주변에서 지형을 조사하여 빙하기 편년 가운데 최소한 하나의 연령을 알아낼 수 있었다. 일찍이 1829년에 로버트 베이크웰 2세(Robert Bakewell, Jr.)는 나이애가라 강바닥이 (대홍수의 산물임이 당연한 것으로 해석되는 퇴적층인) 표류토층으로 되어 있는 것을 알아냈다. 그래서 베이크웰은 표류토층의 퇴적 이후에 강이 들어섰다는 결론을 얻었다. 그 후는 폭포의 입술을 이루는 암석이 흐르는 물에 삭박되면서 폭포가 서서히 상류로 이동되고, 그 결과 멋들어진 계곡이 만들어졌다고 한다. 나이애가라 폭포 인근에서 오랫동안 살고 있는 주민들의 관찰에 입각하여 베이크웰은 폭포가 후퇴하는 속도가 연간 약 3피트에 이른다고 추정했다. 계곡의 길이로부터 그는 표류토가 퇴적된 후 약 10,000년의 시간이 흘렀다고 판단했다. 1841년에 나이애가라 폭포를 방문한 찰스 라이엘(Charles Lyell)은 그 표류토가 빙하 퇴적물이라고 감정하고 폭포가 물러나는 속도를 연간 1피트라고 수정했다. 라이엘에 따르자면 약 30,000년 전부터 빙하가 물러나기 시작한 것이다.

빙하기 이후 얼마의 시간이 흘렀는지 알아내는 것은 크롤 이론에 관심을 둔 지질학자들에게 중요한 문제다. 라이엘은 자신이나 베이크웰이 추정한 값이 크롤이 계산한 80,000년과는 많은 차이를 보인다고 지적했다. 마지막 빙하가 물러난 시기를 보다 확실히 알아내기 위해 많은 연구가 시도되었는데, 천문 이론을 신봉하는 사람들에게는 실망되는 결과만 나왔다. 새로운 추정치는 6,000년에서부터 32,000년의 범위였다. 그래서 여러 사람들이 크롤의 이론에 대해 등을 돌렸다. 이들 연령이 큰 오차를 수반한다는 경고에도 불구하고 말이다. 이런 가운데 미네소타의 지질학자 뉴턴 윈첼(Newton H. Winchell)이 미네아폴리스(Minneapolis) 근처 미시시피강 세인트 앤서니(St. Anthony) 폭포에서 후퇴 속도를 분석하고 빙하기가 끝난 후 겨우 8,000년의 시간이 흘렀다는 결론을 내자 미국에서 크롤의 이론을 지지하는 사람의 숫자는 더욱 줄어들었다.

1894년에 이르러는 미국 과학자들 대다수가 크롤 이론에 반대하는 입장이 되었다. 이 같은 미국인들의 거취는 의심할 여지없이 나이애가라 폭포와 세인트 앤서니 폭포에서 나온 수치의 영향인 것이다. 제임스 데이나(James D. Dana)는 자신의 영향력 있는 교과서에서 다음과 같이 요약했다. "미국 지질학자들은 [크롤의 이론에] 반대하고 있다. 그 이유는 이 이심률의 가설에 따를 때 빙하기가 끝난 시기가 150,000년 전이 아니면 최소 80,000년 전이 되어야 하는데, 미국에서 나온 지질학적 사실들을 보면 10,000년을 넘지 않고 최대로 보아도 단지 15,000년 전에 불과하기 때문이다."

같은 시기에, 유럽 지질학자들 대부분은 크롤의 이론을 강하게 믿는 제임스 게이키(James Geikie)를 따르고 있었다. 다음은 게이키의 생각을 간추린 것이다.

빙하기의 수수께끼에 관해서는 천문 이론이 가장 훌륭한 답을 제공한다고 여긴다. 이 이론으로써 모든 주된 사실들, 추운 시기와 더운 시기가 교호되어 나타나는 것, 그리고 빙하기와 간빙기 양 기후의 특이성 등이 설명된다. 이 이론은 현재와 다른 그 어떤 수륙 분포도 가정하지 않는다. 즉 이 이론은 지구상의 그 어떤 대규모적 땅의 움직임도 필요로 하지 않는다.[40]

이러한 지질학적 견해를 강력하게 지지하고 나선 이는 아일랜드의 천문학자 로버트 볼 경(Sir Robert Ball)이었는데, 1891년에 그는 크롤의 이론을 지지하는 책을 냈다.

그렇지만 게이키 자신도 미국 폭포에서 나온 데이터가 심각한 문제가 된다는 것을 인지하고 있었다. 만약 이 값이 옳다고 입증된다면, 그래서 북미에서 빙하가 사라진 것이 정말로 가까운 6,000년 전 또는 10,000년 전밖에 되지 않는다면, 크롤의 이론은 심하게 손상될 것이다. 만약 그렇게 된다면 게이키는 천문 이론이 유럽의 기후에만 적용된다고 한발짝 물러서면서 이 이론을 방어할 준비를 하고 있었다. 이는 그가 유럽과 아시아에서 나오는 고고학 자료들이 6,000년보다 훨씬 이전에 빙하가 물러난 것으로 나왔다는 확신 때문이었다. 다음은 게이키의 말이다. "유럽의 지질학자들

∙∙
40) 옮긴이 주석: 이 두 문장은 그 어떤 육지의 상승운동도 요구하지 않는다는 말이다. 찰스 라이엘은 지각의 수직운동으로 빙하기가 초래되었다는 주장을 한 적이 있다. 지각이 수직운동을 하면 해안선, 즉 수륙 분포와 땅의 모양이 달라질 수 있다.

중에서 감히 누구도 지난 최후의 빙기가 이집트 문명이 싹틀 때까지 지속되었다고 말하지는 않을 것이다." 그러기는 해도 그는 크롤의 이론이 지질학적 사실들 모두를 설명하지는 못한다는 것을 인정하지 않을 수 없었다. 그래서 그는 자신의 저서를 다음과 같은 예언의 말로써 맺었다.

그래서 이 상당한 변화[41]의 원인이 무엇이냐는 질문은 참으로 답하기가 어려우며, 아직 이 문제에 대해 완전한 해답이 나오지 않았음을 고백하지 않을 수 없다. 크롤 이론이 우리의 난제에 많은 도움을 준 것은 의심의 여지가 없기에, 다소 그의 이론을 손질하면 결국 모든 수수께끼가 풀릴 것으로 본다. 현재로서는 일을 해가면서 기다리는 것으로 만족해야 한다.

그런데 시간이 흐르면서 미국과 유럽의 여러 지질학자들은 80,000년이 아닌 10,000년 전에 빙하기가 끝났다는 새로운 증거와 충돌하는 크롤의 이론에 점점 실망을 느끼게 되었다. 게다가 대기학자들은 크롤이 말하는 일조량의 변화를 계산해보고 이것이 기후 변화에 영향을 미치기에는 너무 작다는 이론적 반론을 제기했다. 19세기 말에 이르자 과학 의견의 조류는 크롤에 반하는 쪽으로 흐르게 되었고, 그의 천문 이론은 하나의 역사적 흥밋거리일 뿐 맞지는 않는 것으로 취급되었다. 그러다 결국에는 거의 잊혀져버렸다.

거의, 그러나 완전히는 아니었다. 수년 후 밀루틴 밀란코비치(Milutin Milankovitch)라고 하는 유고슬라비아[42]의 천문학자가 이 이론을 부활시키

••
41) 옮긴이 주석: 기후 변화. 빙하기.
42) 옮긴이 주석: 오늘날에는 세르비아(Serbia) 국적으로 기록한다.

게 된다. 1890년 제임스 크롤이 스코틀랜드에서 죽음의 침상에 누워 있을 때, 밀란코비치는 겨우 11세였다. 어린 밀란코비치는 훗날 자신이 크롤이 주장하던 실타래를 집어 들고 자신의 고안에 따라 새로 엮어서 새로운 모양을 창조해내게 되리라는 것을 전혀 알지 못하고 있었다.

8
먼 세계와 먼 과거로의 탐험

제임스 크롤(James Croll)이 세상을 떠나고 20년이 흐른 뒤, 그리고 빙하기에 대한 그의 전문 이론이 잊혀지고 흰침의 세월이 지난 어느 날, 한 젊은 시인과 또 한 명의 젊은 공학도가 베오그라드(Belgrade)의 한 카페에서 자리를 같이 하고 있었다. 젊은 시인이 쓴 애국 시집의 출간을 기념하기 위한 자리였다. 그들은 막 출간된 자그마한 파란 책을 중간 탁자에 놓고 앉아 있었다. 시인 앞에 앉은 친구는 밀루틴 밀란코비치(Milutin Milankovitch)였는데, 몇 년 후 자서전적 글에서 그는 이날을 다음과 같이 회상했다.

축하 하는 자리였지만 두 친구의 능력으로 할 수 있는 것은 커피가 전부였다. 그렇지만 의자 깊숙이 기대앉은 그들의 정신은 사뭇 드높았다. 그때 잘 차려입은 신사 하나가 다가와서 같이 앉아도 되겠냐고 물었다. 두 사람은 거절하지 않았다. 또 이 신사가 그 파란 책을 좀 들여다보아도 되겠냐고 물었을 때, 시인은 무언으로 점잖게 허락했다. 알고보니 그 젊은 새 합석자는 유명 은행의 은행장이자 열렬한 애국자였는데, 시에 감동되어서 즉석에서 책 10권을 주문하고 대금을 지불하는 것이었다.

이제 이 두 젊은이에게는 진짜 축하해야 할 일이 생겼다. 또 이를 멋들어지게 할 밑천도 가진 것이다. 점원이 김이 나는 커피를 들고 다가오자, 그들은 손짓으로 물리치고 대신에 붉은 포도주 한 병과 스낵 한 판을 시켰다. 훗날 밀란코비치가 이 장면을 회고한 바에 의하면, "포도주 첫 병을 비웠을 때, 두 청년은 기쁨으로 압도되었다. 그들은 보이지 않는 날개를 타고 날아가는 것만 같았고 시야는 더욱 넓어져갔다. 하늘 높이 다다랐을 때, 그들은 자신이 해온 일과 성취한 업적을 뒤돌아보았다. 이제 보니 그것은 폭 좁고 협소한 영역일 뿐이었다." 세 번째 병을 비웠을 때, "그들의 남국적 피는 용솟음쳤고 자신감이 충만되었다. 그들은 알렉산더 대왕의 자신감으로 새로운 정복지를 찾아보았다. 그들이 살고 있는 마케도니아(Macedonia)는 너무 좁기만 했다."

젊은 시인은 이제 짧은 시는 쓰지 않기로 했다. 대신 웅장한 소설을 창작하는 데 몰두하겠다고 했다. 계속 그는 말했다. "내 새 작품에서 나는 우리 사회 전체, 우리의 조국, 그리고 우리의 영혼을 그려내겠다." 이에 지지 않으려고 밀란코비치도 응수했다. "나는 무한한 것에 끌린다. 나는 너보다 더한 것을 하고 싶다. 나는 우주 전체를 휘잡고 그 속 가장 먼 구석까지 빛을 보내고 싶다." 두 친구는 또 한 병의 추가 포도주로 그들의 혁명을 다짐하고, 흐뭇한 마음으로 헤어졌다. 앞으로 몇 년 후 미래는 그들의 결심이 과연 얼마나 굳었는지를 보여줄 것이다.

밀란코비치는 1904년에 비엔나 공과대학교(Institute of Technology in Vienna)에서 박사학위를 받았다. 졸업 후 그는 공학 기술자로 취직하여 실무 현장에서 5년간 일했다. 크고 복잡한 시멘트 구조물을 설계하는 일을 맡았는데, 일은 즐겁고 만족할 만했다. 하지만 그는 좀 더 큰 문제를 파고 들어야 하는 것이 아닌가 하는 생각을 떨칠 수가 없었다. 밀란코비치는 베오그라드 대학교(University of Belgrade)에서 응용수학 교수직 제안이 들어오자 이를 받아들였다. 비엔나의 친구들은 앞서가는 첨단도시를 버리고 지방대학 선생으로 가는 것은 어리석은 일이라고 말했다. 그러나 그는 고국인 세르비아(Servia)로 돌아가는 것이 기뻤다. 밀란코비치는 조국이 숙련된 공학자를 필요로 한다는 것을 알고 있었으며, 또 시멘트 지붕을 설계하는 것보다 더 보편성 있는 문제와 씨름하고 싶었다. 밀란코비치는 1909년에 베오그라드 대학교 교수가 되어 이론물리학, 역학, 천문학을 가르쳤다. 그러나 그는 여전히 몇 해 전 베오그라드의 카페에서 결심했던 "무한과 우주"라는 마법의 책무에서 벗어날 수 없었다.

밀란코비치는 수년 후 이에 대해 쓰면서, 혹시 포도주가 영감의 불꽃을 일으키는 역할을 하지 않았을까 라고 말한 적이 있다. 포도주가 역할을 했든 아니든, 그는 드디어 열망하던 과업을 찾아낸 것이다. 즉 지구, 화성, 금성의 현재와 과거의 기후를 설명하는 수학적 이론을 찾아내는 일 말이다. 이것은 그의 모든 재능과 에너지를 쏟아부어야 하는 방대한 과제였다.

밀란코비치가 새 포부를 말했을 때, 동료들은 공감하지 못했다.

내가 위도별로 지표 온도를 계산하려 한다고 말하자, 우리 학교의 유명한 지리학자는 놀란 표정으로 나를 뚫어지게 쳐다보았다. ···· 그 어느 뛰어난 이론보다 더 쉽고 정확하게 온도를 측정하기 위해 우리는 이미 지표상에 수천 개의 기상관측소를 설치해놓지 않았는가?

그러나 밀란코비치와 같은 이론가에게는 온도계를 설치하는 것보다 수학적으로 예측하는 것이 더 이롭다. 이론적으로 계산하면 직접 관측이 어려운 곳의 온도를 알아낼 수도 있는 것이다. 예를 들어 지구 대기권의 상부나 태양계의 여러 행성 그리고 그들의 달 표면 온도 같은 것도 말이다. "태양이라는 오븐은 지구에 대해서처럼 다른 고체 행성들의 표면에도 열을 공급하기에, 다른 여러 행성들에도 이 새 이론을 적용할 수 있다. 그래서 이 이론을 통하면 저 먼 세계의 기후에 관한 신뢰성 있는 수치를 획득할 수 있는 것이다."

이것이 전부가 아니다. 행성들의 현재 기후를 계산해낼 수 있다면, 밀란코비치의 또 다른 목표인 과거의 기후도 알아낼 수가 있다. 과거에는 지구 공전궤도의 형태나 지구 자전축의 각도가 지금과 달랐기 때문에 지구상의 기후도 지금과 달랐다. 한 마디로 말해서 새로운 이론은 "우리의 직접 관찰의 한계를 시간적 공간적으로 뛰어넘는" 것이다. 밀란코비치는 일을 신중하게 진행해 나갔다. 우선 그가 한 일은 다른 연구자들이 무엇을 이루어냈는지 알아보는 것이었다.

밀란코비치는 그가 하려는 일을 아직 아무도 해내지 못했다는 것을 알았다. 우선 기후학자들은 밀란코비치의 포부에 회의적으로 대했던 학교 동료들처럼 온도, 강우량, 풍속 등을 직접 측정하는 데 만족해 있었다. 다른 한편으로 천문학자들은 행성들의 현재와 과거의 궤도 형태에만 몰두해 있지, 행성의 자전축이 기울어지고(tilting) 비틀거림(wobbling)에 따라 지표상에서 태양 일조량(日照量, solar radiation, 照射量)의 분포가 어떻게 변하는지 계산해보려 하지 않았다. 사실 빙하기에 대한 천문학적 원인을 밝히려했던 선구자 아데마(Adhémar)와 크롤(Croll)은 기후에 미치는 행성 궤도 변화의 영향을 길게 논의한 적이 있다. 그렇지만 이 둘 아무도 이러한 효과의 크기를 정확하게 계산해낼 만큼 수학적으로 충분한 훈련을 받지는 못했다.

자신이 가려는 길을 어떤 아무도 시도한 적이 없다는 것을 확인한 밀란 코비치는 "먼 세계와 먼 과거로의" 과학 여행을 면밀하게 기획했다. 이것은 지적인 거장만이 생각해볼 수 있는 모험이다. 그런데 이 과업은 위대한 거장 이상의 것을 요구했다. 즉 밀란코비치가 시도한 여행은 완성에 이르는데 30년의 세월을 쏟아부어야하는 것이었다.

새 이론을 개발하기 위해 밀란코비치는 날마다 시간을 투입했다. 심지어 아내와 어린 아들과 함께 하는 일요일에까지도 몇 가방이나 되는 책을 챙겼고, 자기 방에는 반드시 책상을 구비해놓도록 했다. 베오그라드의 집에서는 책으로 둘러싸인 서재에서 대부분의 연구를 수행했다. (세르비아 학술원(Servian Academy of Sciences)에서는 지금 그 방 전체를 보존하고 있다.) 화요일과 수요일에는 대학에서 강의를 하고 클럽에 가서 한두 시간 가량 친구들을 만났다. 집에 오면 매일 밤 8시 정각에 저녁식사를 하면서 세계에서 일어난 일이나 음악에 대해 이야기를 나눴다. 식탁에서 두 시간을 보내고 나서는 한 시간 농안 독서에 몰두했다. 그 후는 선등을 끄고 어둠속에 앉아서 생각에 잠겼다.

밀란코비치는 체계적으로 철두철미하게 접근하는 과학적인 전략을 세웠다. 그의 첫 번째 목표는 각 행성들의 궤도를 기하학적으로 결정하고 이 궤도가 과거 수세기 동안 어떻게 변해왔는지를 규명하는 것이었다. 밀란코비치는 앞서 크롤이 했던 것처럼, 행성 표면의 일조량 분포가 세 가지 궤도 특성에 의해 결정된다는 것을 알아냈다. 그것은 궤도의 이심률(離心率, the eccentricity of orbit), 자전축의 기울기(the tilt of the axis of rotation) 그리고 세차운동(歲差運動) 주기상의 춘·추분점의 위치(the position of the equinoxes in their precessional cycle)이다.

밀란코비치는 독일의 수학자 루드비히 필그림(Ludwig Pilgrim)이 필요한 천문학적 계산을 7년 전인 1904년에 이미 완성해놓았다는 것을 알아냈다. 밀란코비치는 이것이 그의 계획을 성공으로 이끌어 줄 수 있음을 간파했다. 과거에 크롤은 르베리에(Leverrier)가 계산한 지난 10만 년 동안의 이심률과 세차운동 변화에 대한 자료만 가졌지만, 이제 밀란코비치는 필그림이 계산한 지난 100만 년에 걸친 3가지의 모든 특성(즉 이심률, 세차운동, 그리고 자전축 기울기)에 대한 자료를 활용할 수 있게 된 것이다. 그래서 밀란코비치의 탐구 여정 중 첫 번째 과업은 어려움 없이 달성되었다.

그의 두 번째 과제는 지표면의 일조량이 계절과 위도별로 어떻게 달라지는지 알아내는 일이었다. 오늘날 이는 쉬운 과업이다. 2세기 전에 아이작 뉴턴(Isaac Newton)이 일조량에 대한 일반법칙을 도출해놓았기 때문이다. 이 법칙에 의하면 태양의 가열 효과는 태양으로부터의 거리 그리고 태양광이 행성 표면을 쪼이는 각도에 따라 달라진다. 이 기하학적 변수들은 필그림의 계산으로부터 구할 수 있으므로, 행성 표면의 일조량 분포를 수학적으로 기술하는 것이 가능하다는 것이 밀란코비치의 생각이었다.

원리는 간단하다. 그러나 실제로 이 계산을 시행해가는 것은 엄청나게 어려운 과업이었다. 모든 행성들은 끊임없이 자전, 공전, 비틀거림(wobbling), 기울어짐(tilting)의 광란적 춤을 추고 있기에 태양으로부터 받는 일조량은 순간순간마다 차이가 난다. 그렇지만 밀란코비치는 서른두 살의 젊은이였고 자신의 능력을 믿었다. 훗날 그는 다음과 같이 적었다. "나는 이 사냥을 한창 나이 때 나섰다. 내가 더 어렸더라면 아직 필요한 지식과 경험을 갖추지 못했을 터이고 ‥‥ 좀더 나이가 들었더라면 무조건 밀어붙이는 식의 젊은이 특유의 자신감이 없었을 것이다."

밀란코비치의 연구는 일단 잘 진행되었다. "그러나 문제를 깊게 파고들수록 어려움에 빠져 더 나갈 수가 없었다"라고, 훗날 그는 썼다. "그러던 중 [1912년] 1차 발칸 전쟁이 터졌다. 내가 참모로 배속된 세르비아 육군 다뉴브 사단은 이른 새벽 터키제국의 국경을 넘어 사타락(Satarac) 산을 차지하려 시도하고 있었다." 세르비아 군대가 산 정상을 향해 싸워 나아가는 것을 지켜보고 있는 이 젊은 수학자의 뇌리에는 자기 자신이 벌이는 수학적 전투와 이를 막아서는 이론상의 장애물이 연상되었다. 그러다가 세르비아군 연대가 드디어 사타락 산 정상을 함락하자, 수학적 난관에 대한 해법이 그의 머리를 뚫고 스쳐지나갔다. 이렇게 그는 내면의 전장에 있던 "산꼭대기를 정복"했다.

이틀 후 터키군은 패퇴했다. 휴전령이 내려지고 밀란코비치는 베오그라드 도서관에 있는 자기의 전장으로 복귀할 수 있었다. 그의 일은 진척이 빠른 편이었다. 그래도 두 번째 문제를 해결하려면 몇 해가 더 필요한 것으로 여겨졌다. 발칸반도의 불안한 정치적 분위기에 예민해진 밀란코비치는 그간에 성취한 내용을 논문으로 완성한 다음에 계산을 진행해나가기로 했다. 1912년과 1913년에 세 편의 짧은 논문을 발표했으며, 1914년 초에는 "빙하기에 대한 천문 이론의 문제에 대해(On the Problem of the Astronomical Theory of the Ice Ages)"라는 또 하나의 논문을 발표했다. 세르비아어로 발행된 이 논문은 유럽의 정치적 혼란 속에서 과학계에 알려지지 않은 채 여러 해 동안 방치되었다. 그런데 이 논문들은 빙하기 문제를 새롭게 조명하는 것이었다. 그는 지구 궤도의 이심률이나 세차운동의 변화가 빙하의 팽창이나 수축을 야기하기에 충분하다는 것을 수학적으로 보여주었다. 나아가 그는 지구 자전축의 기울기 변화가 기후에 미치는 효과는 크롤이 생각했던 것보다 더 크다는 것을 알아냈다.

뒷받침이 든든히 확보되었다고 만족한 밀란코비치는 이제 앞길을 막을 것이 아무것도 없다는 자신감으로 다시 일에 복귀했다. 그에게 오직 필요한 것은 계산에 필요한 시간이었다. 그런데 1914년에 제1차 세계대전이 터지고 밀란코비치는 고향 달리(Dalj)로 가는 길에 오스트리아-헝가리 연합군에게 체포되었다. 그는 오시예크(Osijek, Esseg)의 한 성채에 전범으로 붙잡혀 갔다. 다음은 훗날 그가 회상한 것이다.

내 뒤에서 육중한 철문이 닫히는 소리가 들렸다. 열쇠를 돌리는지 무겁고 녹슨 자물쇠가 덜커덕 하고 신음했다. ···· 변화된 새 환경에 적응하고자 나는 두뇌의 전원을 끄고 멍하니 허공을 응시했다. 얼마 후 내 가방이 눈에 들어왔다. ···· 다시 나의 뇌가 작동을 시작했다. 나는 벌떡 일어나 가방을 열었다. ···· 그 안에는 나의 우주 문제에 관한 논문들이 들어 있었다. ···· 나는 그 논문을 훑어 내렸다. ···· 주머니에서 내 친숙한 만년필을 꺼내들고, 쓰고 또 계산하기 시작했다. ···· 자정이 넘어서야 나는 방안을 둘러보았는데, 도대체 내가 어디에 와 있는지 깨우치는 데는 시간이 좀 걸렸다. 그 작은 방은 우주로 가는 내 여행 중의 한 야간 막사처럼 느껴졌다.

먼 세계를 향한 여행의 자유를 누리고 있는 이 죄수에게 1914년 크리스마스 이브에 예기치 않은 반가운 선물이 날아들었다. 그것은 석방이라는 소식이었다. 오스트리아-헝가리 국방부가 간수에게 밀란코비치를 부다페스트로 이송하라는 전보 명령을 내린 것이다. 부다페스트에서 밀란코비치는 풀려났는데, 매주에 한 번씩 경찰에 보고서를 제출하라는 조건이 붙었다. 추버(Czuber)라고 하는 대학교수가 재능 있는 세르비아의 수학자가 감금되어 있다는 소식을 듣고 과학 발전을 위해 그를 석방해야 한다는 탄원서를 제출한 것이다.

부다페스트에 정착한 밀란코비치는 그의 낡은 가죽가방을 겨드랑이에 끼고 즉시 헝가리 과학원(Hungarian Academy of Science)의 도서관으로 향했다. 문을 두드리자 동료 수학자이며 관장인 콜로만(Koloman von Szilly)이 팔을 벌려 그를 맞았다. 밀란코비치는 이 도서관 독서실에서 4년을 보냈는데, "서두르지 않고 매 단계를 세심하게 계획하면서" 일을 했다. 그중 첫 두 해는 지구의 현재 기후를 예측하는 수학 이론의 개발에 소요되었다. 3년과 4년차에는 화성과 금성의 현재 기후에 대한 설명을 완성했다.

그러는 동안 전쟁이 끝나고, 밀란코비치는 4년간의 수확물을 가방에 넣고 다뉴브의 하얀 기선을 타고 고향 베오그라드로 돌아오게 되었다. 전쟁의 방해에도 불구하고 밀란코비치는 지구, 화성, 금성의 현재 기후를 수학적으로 기술하려 했던 그의 두 번째 목표를 달성했다. 이 연구 결과는 1920년에 "태양 조사(照査)에 의한 열 현상에 대한 수학적 이론 (*Mathematical Theory of Heat Phenomena Produced by Solar Radiation*)"이라는 책으로 발표되었고, 기상학자들은 이 책을 현생기후 연구의 중요한 공헌으로 받아들였다. 이 책은 고기후(古氣候) 연구자들에게도 관심의 대상이었는데, 이는 천문 현상의 변화가 지리적 그리고 계절적으로 태양광선의 분포를 변화시켜서 빙하기까지도 야기할 수 있다는 것을 수학적으로 보여주고 있기 때문이었다. 나아가 밀란코비치는 과거 어느 시점에 대해서라도 지구에 도달한 태양광선의 양을 계산할 수 있도록 했다.

지질학자들은 대부분 이 책에 대해 모르고 있었다. 그런데 세상 널리 유명하고 또 크게 존경받는 쾨펜(Wladimir Köppen)이라는 독일의 기후학자가 즉각 이 책에 관심을 보였다. 쾨펜은 온도와 강수량의 분포를 나타내는 세계지도를 펴낸 바 있고, 또 이를 통해 지구의 기후대를 분류하고 식물상의 분포를 설명한 사람이다.

그리하여 저명한 쾨펜으로부터 한 장의 엽서가 날아오자 밀란코비치네 집안은 꽤 흥분되었다. 다음은 밀란코비치가 쓴 글이다.

내가 기념으로 보관하고 있는 이 간단한 엽서는 미래 어느 날 내 재산목록이 될 것이다. 이 엽서는 독일 함부르크의 저명한 기후학자 쾨펜으로부터 온 것인데 최근에 내가 펴낸 *수학적 이론 (Mathematical Theory)*에 대해 언급하고 있다. 쾨펜의 편지와 엽서는 점차 추가되어 49개까지 늘어나고 우리의 교신은 백여 통에 이르렀다. 두 번째 서신에서 쾨펜은 그의 사위 베게너(Alfred Wegener)와 함께 지질시대의 기후에 관한 책을 준비 중이노라고 했다. 이 대학자는 벌써 76세에 이르렀지만 나의 수학적 이론이 고기후 문제를 풀어가는 데 도움이 되리라는 것을 누구보다 먼저 알아차리고 함께 협력해가기를 제안했다.

밀란코비치는 기꺼이 응했다. 그리하여 한 유고슬라비아[43] 수학자와 두 독일 과학자, 그중 한 사람은 유명한 기후학자이고 다른 사람은 유럽에서 앞서가는 지질학자, 사이의 생산적인 아이디어의 교환이 이어졌다. 베게너는 아직 젊었지만 대륙이 서서히 이동한다는 이론[44]으로 명성을 얻은 사람

∵

43) 옮긴이 주석: 앞서 각주한 바와 같이 오늘날에는 밀란코비치를 세르비아(Serbia) 국적으로 기록한다.

44) 옮긴이 주석: 1915년에 베게너는 35세의 젊은 나이로 "대륙과 해양의 기원 (Die Entstehung der Kontinente und Ozeane)"이라는 불멸의 저서를 통해 대륙이동설을 제창했다. 이 책에서 그는 대륙이동설을 뒷받침하는 다양한 증거, 즉 지질학적·고생물학적·고기후학적·지구물리학적·동식물 지리학적 증거들을 상세하게 열거하며 논증했다. 이 책은 그 후 꾸준히 보완되어 1929년에는 제4판에까지 이르렀다. 최근에 이 제4판의 한국어 번역이 나왔으니 독자들은 참고하기 바란다. "대륙과 해양의 기원" 알프레드 베게너 지음, 김인수 옮김, 나남 2010, 371쪽.

이었다. 쾨펜이 예견했던 바와 같이 밀란코비치의 이론은 과거 지질시대의 기후를 규명하는 데 있어 유용한 도구로 판명되었다. 또한 이 협력 연구는 밀란코비치 자신에게도 도움이 되었다. 이 기회가 아니었더라면 밀란코비치는 과거 기후에 대한 지질학적 기록이라는 어려운 문제에서 그를 훌륭히 안내해줄 이 두 사람의 전문가를 만나지 못했을 것이다.

쾨펜은 다음과 같은 밀란코비치의 숙제를 즉시 풀어주었다. 각 위도와 계절에 따른 일조량을 계산하는 수학적 도구를 갖추게 된 밀란코비치는 그의 세 번째 과제, 즉 지구의 과거 기후 대한 수학적 설명을 시작하려는 참이었다. 그는 여러 차례 빙하기를 가져온 일조량 변화를 시간에 따른 변화곡선으로 표현함으로써 이 과업을 완성하고자 했다. 그런데 각 위도선마다, 그리고 각 위도선의 계절마다에 고유의 일조량 역사가 존재했다. 그래서 어떤 위도, 어떤 계절이 빙하의 성장에 결정적인 역할을 하는지 판단이 어려웠다. 앞서 아데마와 크롤 두 사람은 고위도 지역 겨울 동안의 일조량이 결정적 요인이라고 상정함으로써 이 문제를 푼 것으로 생각했다. 그들의 생각은 겨울 동안 북극지역에 내리쬐는 일조량이 줄어들면 빙하기가 된다는 것이었다. 밀란코비치는 이 견해에 동의가 되지 않아 쾨펜에게 의견을 물었다. 다음은 밀란코비치가 적은 말이다. "쾨펜은 여러 가능성들을 철저히 고찰한 끝에 이 질문에 대한 답을 보냈는데, 여름 반년[45] 동안 일조량이 줄어들면 빙하기가 온다는 것이었다." 쾨펜에 따르면 극지방에서는 심지어 오늘날에도 눈이 쌓일 정도로 온도가 충분히 낮기 때문에, 겨울 일조량의 변화가 연간 강설량에 별 영향을 주지 못한다는 것이다. 그러나 여름에는 오늘날에도 극빙이 녹는다. 그래서 여름의 일조량이 약해지면 해

45) 옮긴이 주석: 한 해 중에서 하지를 중심으로 하는 반년 동안.

빙이 되지 않고 연간 강설량도 증가되어, 빙하가 확대되는 상황으로 발전한다는 것이다.

쾨펜의 논리를 보고 밀란코비치는 즉시 과거 65만 년 동안의 북위 55°, 60°, 65°에서의 여름 일조량의 변화 곡선을 계산하기 시작했다. 그런데 이 정도의 과업도 쉬운 일은 아니었다. 그는 회고하기를 "나는 이 계산을 아침부터 밤까지 백일 동안 시행했다. 그 결과 세 개의 톱니모양을 보이는 여름 일조량의 변화 곡선이 나왔다." 밀란코비치는 이 곡선(그림 24)을 쾨펜에게 보내고 이 기후학자의 회답을 고대했다.

오래 기다릴 필요도 없이, 즉각 쾨펜의 답이 왔다. 밀란코비치가 보낸 곡선에 나타나는 톱니모양은 15년 전 독일의 지리학자 펭크(Albrecht Penk)와 브뤼커(Edward Brücker)가 복원한 알프스 빙하의 역사와 잘 들어맞는다는 것이었다. 또한 쾨펜은 사위 베게너와 함께 곧 책을 하나 발간하려 하는데 거기에 이 일조량 곡선을 넣고 싶다고 하면서, 이 문제를 상의하기 위해 가을에 자신이 있는 오스트리아 인스브루크(Innsbruck)로 와달라고 밀란코비치를 초청했다.

말할 필요도 없이 밀란코비치는 자신의 이론을 뒷받침하는 증거에 고무되었고, 1924년 9월에 이 독일 과학자들을 만나러 가기로 했다. 학회 참석을 위해 제시간에 인스브루크에 도착한 밀란코비치는 즉시 베게너가 "과거 지질시대의 기후"를 발표하는 방으로 갔다. 발표 전반부에 베게너는 대륙이동설과 함께 먼 지질시대의 기후를 다루었다. 이 베게너의 발표에 대해 밀란코비치는 훗날 회상하기를, "극도의 겸손함과 간결한 말··· 엄청난 양의 증거로 뒷받침된" 것이었다고 했다. 후반에 들어서 베게너는 드디어 플라이스토기(Pleistocene)의 기후에 대해 말하기 시작했다.

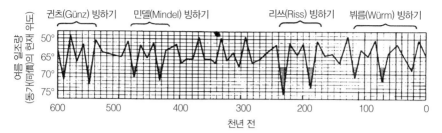

그림 24 밀란코비치가 계산한 북위 65°에서의 일조량 변화 곡선. 과거 60만 년 동안 여름 일조량의 강도가 어떻게 변화했는가가 밀란코비치 빙하기 이론의 핵심이다. 1924년에 발표한 이 그림에서 밀란 코비치는 유럽에서 일어난 네 차례의 빙하기와 일치하는 최저점들을 인지해낼 수 있었다.[46] 일조량세기 변화는 동가(同價)의 현재 위도로 환산한 것이다. 예를 들어 59만 년 전 북위 65°에서의 일조량은 오늘날 의 북위 72°에서의 값과 같다. (쾨펜(W. Köppen)과 베게너(A. Wegener), 1924로부터).

화면에 비친 내 일조량 곡선을 가리키면서 그는 목소리를 높였다. 그것은 그가 이제 다른 사람의 업적에 대해 말하고 있기 때문이었다. 내 계산에 대해 그가 격앙되어 말하는 바람에 나는 꽤나 당황스러워졌다. 계단 강당 앞줄에 앉은 나는 마치 내가 온 것을 베게너가 알아차리지 못하게 하려는 양, 의자에 잔뜩 웅크리고 있었다.

밀란코비치는 그날 밤에 "월계수 침대와 푹신한 베게 속에서 잠들었다" 고 썼다. 밀란코비치가 인스부르크에 온 것은 업무 때문만은 아니었다. 그는 엔지니어로 일하던 옛 시절의 친구들을 만나 "인스부르크의 모든 술집들"을 한 바퀴 탐험했던 것이다.

1924년에 간행된 쾨펜과 베게너의 책 *지질시대의 기후 (Climates of the Geological Past)*는 밀란코비치가 그토록 공들여 계산한 일조량 곡선을 널

∵ 46) 옮긴이 주석: 본문에 나온 바와 같이 이는 쾨펜의 발견이다.

리 알리는 역할을 했다. 일단의 지질학자들은 쾨펜과 베게너의 생각처럼 이 곡선이 지질학적 기록과 잘 들어맞는 것으로 동의했지만, 달리 생각하는 부류도 있었다.

밀란코비치 자신은 이 문제에 대해 의심이 없었다. 기억에 남을 인스부르크 방문을 마치고 벨그라드로 돌아온 밀란코비치는 다시 연구에 뛰어들었다. 지금까지 그는 북위 55°, 60°, 65° 세 위도의 일조량 변화 곡선만을 계산했다. 이 세 위도가 열수지 변화에서 가장 민감한 곳이기 때문이다. 저위도에서는 일조량 변화의 효과가 덜하다. 밀란코비치는 그래도 저위도 또한 국지 기후에 어느 정도는 영향을 미친다고 생각하고 있었다. 그래서 그는 북위 5°에서 75°에 이르는 구간을 다시 8개의 구간으로 나누고 일조량 곡선을 계산하기 시작했다.

그는 1930년에 이 계산(그의 투쟁 계획에서 세 번째 목표)을 마치고 쾨펜의 《기후학 편람 (Manual of Climatology)》 시리즈의 한 권으로 출간했다. 다음과 같은 이 책의 제목은 밀란코비치의 일생일대의 목표를 명확하게 표현하고 있다. 그렇기에 이번에는 이 책의 의의를 놓치는 지질학자는 없으리라. 즉, 《수학적 기후학 그리고 기후 변화에 대한 천문 이론 (Mathematical Climatology and the Astronomical Theory of Climatic Changes)》.

상기한 8개의 곡선이 나오자 지질학자들은 두 가지의 천문 주기가 햇볕의 입사량에 영향을 미친다는 사실을 비로소 이해하게 되었다. 크롤이 예견했던 것처럼, 자전축의 기울기가 작아지면 여름 일조량이 줄어드는 한편(그림 25) 어떤 계절이든 지구와 태양 사이의 거리가 가까워지면 그 계절의 일조량은 증가하는 것이다. 새롭게 확실해진 것은 이러한 효과의 크기가 위도에 따라 다르다는 것이다(그림 26). 41,000년의 주기로 자전축 기울기(tilt)가 변화하는 영향은 극지에서 크고 적도로 가면서 줄어든다. 이에

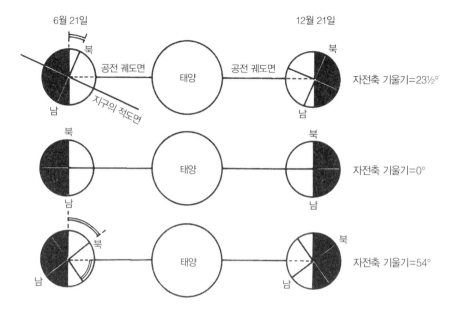

그림 25 지구 자전축의 기울기에 따른 일조량(日照量) 분포 변화. 자전축의 기울기가 현재 값인 23°보다 작아지면 극지방은 지금보다 햇볕을 덜 받게 된다. 기울기가 증가하면 극지방은 햇볕을 더 받는다. 이러한 효과의 극단은(실제로는 결코 도달할 수 없음) 기울기 0°인데 이 때 양 극은 햇볕을 전혀 받지 못한다. 한편, 54°의 기울기에서는 지구상의 모든 점들이 일년간 같은 양의 햇볕을 받게 된다.

반하여 22,000년의 주기로 태양과 지구 사이의 거리가 변하는 세차운동 (precession)의 효과는 극지에서 작고 적도로 가면서 커진다. 특정 위도나 계절의 일조량은 자전축의 각도와 지구–태양 간의 거리에 따라 달라지므로, 일조량 곡선의 형태는 위도에 따라 체계적으로 변한다. 결국 이 일조량 곡선은 고위도에서는 41,000년의 자전축 주기에 의해 지배되고, 저위도에서는 22,000년의 세차운동 주기에 의해 지배된다.

밀란코비치는 이제 마지막인 네 번째 과업에 착수했다. 그것은 일조량 변화에 대한 빙원(氷原, ice sheets)의 반응을 계산하는 일인데, 여기서 가장

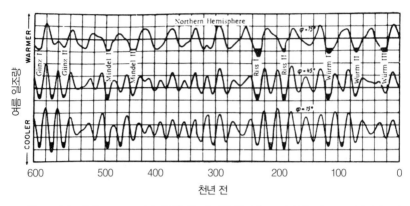

그림 26 밀란코비치(Milankovitch)가 계산한 위도에 따른 일조량(日照量) 변화곡선. 1938년에 밀란코비치는 북위 15°, 45°, 75°에서 여름 일조량의 변천을 보이는 이 곡선을 발표했다. 22,000년 주기의 세차운동 효과가 아래 두 저위도 곡선에서 뚜렷하게 보인다. 고위도 곡선에 나타난 낮은 점은 유럽의 네 빙하기로 동정된다. (Milankovitch, 1941로부터.)

어려운 점은 반사-피드백 효과의 정도를 가늠하는 것이다. 이 메커니즘으로 인해 일조량 변화가 초기에 증폭된다는 것은 크롤 때부터 알려진 것이다. 그러나 이를 정량적으로 분석하려는 노력은 지금까지 모두 실패로 돌아갔다. 결국 밀란코비치는 일년 내내 눈이 남아 있는 최저 고도인 설선(雪線)의 높이를 고찰함으로써 이 문제를 풀었다. 적도지방에서 설선은 높은 해발의 산지에 위치하지만 극지방에서는 해수면과 일치한다. 밀란코비치는 여름 일조량과 설선 고도 사이의 수학적 관계식을 세웠다. 이를 통해 여름 일조량이 변할 때 눈 두께가 얼마나 달라지는지를 알아낼 수 있었다.

1938년에 밀란코비치는 이 결과를 과거 지구 기후 규명을 위한 천문학적 방법 (*Astronomical Methods for Investigating Earth's Historical Climate*) 이라는 책으로 발간했다. 이 책에 나온 일조량 곡선들의 모양은 이전에 발표된 것과 크게 다르지는 않았지만, 지질학자들은 이제 과거 65만 년 동안의 어떠한 시점에 대해서든 빙원 말단부의 위도를 어림할 수 있는 그래프를 가지게 되었다. 나아가 밀란코비치는 여러 추가 계산을 통해 들쭉날쭉했던 옛 곡선의 모양을 부드럽게 만들었다.

네 가지 목표를 모두 달성한 밀란코비치는 이제 마음에 품었던 우주 문제가 전부 풀렸다고 보았다. 10년 전부터 그는 대중을 대상으로 일련의 기사를 쓰고 있었는데, 이 글은 익명의 젊은 여성에게 보내는 편지의 형식을 취하고 있었다. 사실 밀란코비치는 보다 몇 년 앞서 오스트리아를 여행할 때 이 일을 시작했다. 이 "편지"들은 상당 부분 자전적 내용도 포함하고 있지만, 주된 목적은 천문학과 역사기후학으로의 비공식적 입문이었다. 초기의 편지들은 문학잡지에 각기 따로 따로 실렸는데 높은 대중적 인기를 얻게 되자 1928년에 편집하여 *먼 세계와 시간 속으로: 한 우주 여행자로부터의 편지 (Through distant worlds and Times: Letters from a Wayfarer in the Universe)*라는 제목의 서간집으로 발간되었다. 초판은 밀란코비치의 모국어인 세르비아-크로아티아어(Cervo-Croatian)로 쓴 것이있는데, 1936년에는 이 서간집이 확대되면서 독일어로 출간되었다. 저자가 편지를 보낸 그 여인이 누구인지는 수수께끼로 남아 있다. 밀란코비치의 부인은 결코 그런 사람은 없다고 완강히 부인했다.

1930년대 말에 밀란코비치는 *일조량과 빙하기 문제에 대한 규준(規準) (Canon of Insolation and the Ice Age Problem)*이라는 제목으로 그가 일생 동안 수행했던 과업을 상세하게 요약하는 일을 시작했다. 이 책의 마지막 부분은 1941년 4월 6일에 인쇄에 들어갔다. 그런데 바로 이 날은 독일이 유고슬라비아를 침공한 날이었다. 그리하여 민중 봉기가 일어나고 베오그라드의 인쇄 공장은 파괴되어 결국 책의 마지막 부분은 새로 인쇄해야만 했다.

그림 27 1943년에 파야 요바노비치(Paja Jovanovic)가 그린 밀루틴 밀란코비치(Milutin Milankovitch)의 초상. (바스코 밀란코비치(Vasko Milankovi0tch)[47] 제공.)

밀란코비치는 독일이 패할 것으로 믿었기에 전쟁 자체에 대해 별 우려를 하지 않았다. 밀란코비치는 만족과 은근한 자긍심에 차 있었다. 오랫동안 공들였던 그의 노력이 이제 과학계의 주요 업적으로 국제적인 인정을 받고 있기 때문이다. 그의 이론을 받아들이지 않는 일부 학자들이 있는 것은 사실이었으나, 그는 인쇄물로써 방어하려 하지 않았다. 후에도 말했지만 그는 이를 아쉬워하지도 않았다. "왜냐면 내가 나서지 않아도 반대 의견에 대답할 학자들이 독일에 많이 있다." 아울러 그는 덧붙였다. "나는 내 개인 도서관에 나의 일조량 곡선을 기반으로 빙하기의 과정과 연대를 연구한 다섯 종류의 독립된 과학 업적과 백편이 넘는 논문을 소장하고 있다."

1941년에 63세가 된 밀란코비치는 일조량에 관한 그의 수학적 이론을 완성하고 이것을 빙하기 문제에 적용했다. 수년이 지난 후, 바스코 밀란코비치(Vasko Milankovitch)는 아버지가 했던 다음과 같은 말을 회고했다.

일단 큰 고기를 잡으면 작은 물고기들에 신경 쓸 겨를이 없다. 나는 지난 25년간 일조량 이론을 연구해왔는데 그것이 완성되었으니 이제 할 일이 없어진 셈이다. 새로운 이론을 시작하기에는 내 나이가 너무 많고, 또 내가 완성한 규모 정도의 이론은 쉽게 손에 넣을 수 있는 것도 아니다.

어느 날 저녁식사 때 그는 아내와 아들 앞에서 말했다. "독일 점령 시절에 나는 무슨 일을 해야 할지 알고 있었다. 이제 나는 내 생애와 내 일의 역사에 대해 쓰겠다는 생각이다. 내가 죽으면 누군가가 그 일을 하겠지만,

∙∙
47) 옮긴이 주석: 지금 우리가 말하고 있는 밀루틴 밀란코비치(Milutin Milankovitch)의 아들. 이 책의 서언 참조.

아마 옳지 않게 쓰겠지." 이렇게 말한 후 그는 1952년에 비망록을 발간하고, 1957년에는 자신의 과학 연구에 대한 짧은 종합을 완성했다. 이듬해에 그는 79세의 일기로 세상을 떠났다. 계산을 통해 먼 세계와 먼 시간을 향해 상상의 유랑을 펼쳤던 이 유고슬라비아[48] 수학자는 이제 마지막 여행을 떠난 것이다.

9
밀란코비치 이론에 대한 논쟁

1924년에 밀란코비치의 이론이 발표되자 과학계에서는 다시금 빙하기 문제에 관심이 집중되었다. 1837년에 아가시가 빙하기 이론을 처음 발표한 이래로 지구의 역사에 대해 이렇게 널리 관심이 일어난 적이 없었으며, 아가시와 벅랜드 사이의 논쟁 이래로 지구의 기후 변화에 대해 이렇게 상반되게 이론이 갈라선 적도 없었다.

이러한 논쟁에 불을 붙인 것은 제임스 게이키(James Geikie)가 표류토(drift)의 기원을 규명한 이래 60년 동안 축적된 여러 가지의 지질학적 사실들이었다. 게이키의 연구 결과가 나온 이후로 두 세대에 걸치면서 지질학자들은 더 많은 과거 기후의 자료들을 찾아서 전세계를 누볐다. 실로 빙하기의 증거들은 도처에 널려 있었다. 이제 지질학자에게는 이 자료를 종합해서 납득되게 빙하기를 설명해줄 이론이 필요했다. 밀란코비치는 바로 그런 이론을 지질학자들에게 제시한 것이다.

밀란코비치 이론의 가장 큰 가치는 고기후 대한 지질학적 기록이 어떻게 나올지 검토 가능한 예측을 해준다는 점이다. 즉, 지질학자들이 몇 개의 빙하 퇴적층을 찾아낼 것인가, 그리고 이 층들이 과거 65만 년 가운데 어느 시점에서 나올 것인가 하는 것을 이 이론이 정확하게 짚어내는 것이다.

예측 내용은 여름철 일조량 변화곡선(그림 24)에 들어 있는데 이는 북위 55°, 60°, 65° 세 지역에서 거의 동일한 모양이다. 이론상 일조량이 최저가 되면 빙하기가 도래한다. 세 곡선에서 우리는 평균 일조량보다 훨씬 아래로 뾰족하게 떨어지는 아홉 개의 최저치를 볼 수 있다. 쾨펜과 베게너는 이들 간격이 같지 않고 현저하게 불규칙임을 지적했다. 가장 최근의 세 최저치는 서로 모여 있는데, 이들은 각각 25,000년 전과 72,000년 전 그리고 115,000년 전의 빙하기에 해당하는 것으로 여겨진다. 남은 여섯 개의 최저치는 각 두 개씩 세 벌을 이루고 있다. 그림 중간에는 일조량이 큰 기간이 길게 차지하고 있는데, 밀란코비치는 이 부분이 지질학적 기록에서 긴 간빙기로 나타날 것이라고 예언했다.

이 천문 이론이 발표되자, 표류토를 잘 아는 지질학자들은 층의 숫자와 퇴적 연령을 가지고 이 이론을 검증하고자 했다. 그러나 이를 알아내는 것은 쉽지 않았다. 새로운 빙하기가 닥치면 옛 표류토층들이 망가져버리기에, 표류토층 기록은 대부분 완전하지 못했다. 게다가 각 표류토층의 연령을 정확히 측정해낼 방법이 없었다. 오직 할 수 있는 것은 표류토층과 토양층의 두께와 범위를 가지고 각 빙하기와 간빙기가 지속된 기간을 대충 짐작해보는 정도였다.

이러한 어려움을 뚫고 시카고 대학교(University of Chicago)의 챔벌린(Thomas C. Chamberlin)과 미국 지질조사소(U.S. Geological Survey)의 레버렛(Frank Leverlett)을 필두로 북미 지질학자들은 주 빙하기가 네 번이었

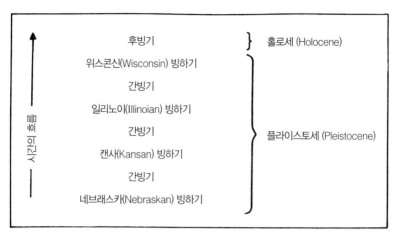

그림 28 이론적인 북미 빙하기의 전개 순서. 19세기 말까지 네 개의 플라이스토세 빙하 표류토층이 인지되고 명명되었다. 그런데 훗날의 연구로 더 많은 빙하기가 드러났다.

다는 결론을 내렸다. 이 네 빙하기의 이름은 해당 빙하 표류토층이 가장 잘 인지된 주(州)의 이름을 따라 정했다. 그래서 표류토층 층서는 아래에서 위쪽으로 네브래스카(Nebraskan)(가장 오래됨), 캔사(Kansan), 일리노이(Illinoian), 위스콘신(Wisconsin)(가장 젊음)이 되었다(그림 28). 이들 사이의 간빙기는 다른 주의 이름을 가지고 명명했다.

이러한 사실과 명칭으로 무장한 지질학자들은 밀란코비치 이론에 대해 편을 들거나 또는 반대에 나섰다. 편을 드는 이들은 네 빙하기가 밀란코비치 이론에 나타나는 네 개의 낮은 일조량 그룹(세 최저치로 이루어진 한 그룹과 두 개씩의 최저치로 이루어진 세 그룹)과 맞아 떨어진다고 주장했다. 이에 반해 밀란코비치의 천문 이론에 반대하는 이들은 정밀도상 북미 표류토들의 연령은 폭이 커서 밀란코비치의 일조량 변화 곡선의 최저치들에 맞추는 것이 확실하지 않다는 것이었다. 그래서 이런 식으로 천문 이론의 옳고 그름을 따져가지고는 제대로 된 결론을 낼 수가 없었다.

그러던 중 1880년대에 이르러 펭크(Albrecht Penck)라고 하는 사람이 빙하기 지층의 문제를 다루는 전혀 다른 접근법을 생각해냈다. 펭크는 알프스 산맥 북쪽 사면에서 강 계곡을 연구하는 독일인 지리학자였는데 계곡의 하류가 스트래쓰(strath[49])라고 하는 자갈층으로 된 넓은 평탄면에서 끝난다는 것을 알아냈다. 강물은 자갈층을 침식하고 있었다. 펭크는 또 계곡 양안의 높은 곳에 세 개의 단구(段丘, terrace)가 있는 것을 발견했다. 단구라는 것은 급한 경사면을 두 부분으로 나누는 편평한 제방 같은 것인데, 펭크는 단구가 강바닥 자갈과 유사한 자갈로 이루어졌다고 보았다. 펭크는 식물이 자라지 않는 환경에다 서리 내리는 추운 기후 탓으로 지표 침식이 강화되어 이 자갈층들이 형성되었다고 생각했다. 따뜻한 기후 동안에는 강 자갈의 퇴적이 멈췄던 것이 분명하고 강물은 사행천을 이루면서 평평한 스트래쓰를 잘랐을 것이다. 그래서 펭크는 단구의 편평한 부분이 옛 간빙기에 형성된 스트래쓰의 잔재라는 결론을 내렸다. 그렇기에 단구 높이가 높을수록 이를 형성시킨 간빙기의 연령도 더 오래된 것이다. 그리고 지금 우리가 보고 있는 각 자갈층들은 빙하기 동안에는 더 너르게 퇴적되었던 자갈층의 잔존된 일부인 것이다.

펭크의 이러한 생각으로 보면 알프스 자갈층들은 앞서 표류층이 제공하지 못했던 빙하의 완전한 층서(層序) 기록을 과학자들에게 제공하고 있는 것이다. 자갈층이 네 개[50] 있으므로 플라이스토세 동안 빙하기가 네 번 왔

49) 옮긴이 주석: 넓은 하천 유역, 큰 골짜기를 뜻하는 스코틀랜드 용어.
50) 옮긴이 주석: 스트래쓰(strath)라고 부르는 현재 강바닥 자갈층과 세 개의 단구(段丘, terrace) 자갈층.

던 것이 확실하다. 그리하여, 증명된 바가 없음에도 불구하고 많은 지질학자들은 네 차례의 미국 빙하기와 대서양 건너 유럽 지층의 이 네 번의 빙하기가 동일하다고 간주했다.

유럽의 빙하기 이름은 강 계곡의 이름을 따른 것이다. 펭크와 그의 동료 브뤼크너(Eduard Brückner)는 빙하기의 순서를 영어 철자 순으로 귄츠(Günz), 민델(Mindel), 리쓰(Riss), 뷔름(Würm)으로 명명했다. 가장 오래된 빙하기(귄츠)는 가장 높이 있는 단구의 자갈층을 이루었고, 가장 최근의 빙하기(뷔름)는 현재의 강바닥에 깔린 자갈층을 이뤘다. 펭크와 브뤼크너가 명명한 귄츠, 민델, 리쓰, 뷔름이라는 빙하기 이름은 수 세대에 걸쳐 연구자들의 머리에 각인되어 남았으며, 또한 오랫동안 강의실 벽에서 메아리쳤다.

빙하기 이름을 지은 것 이외에, 펭크와 브뤼크너는 스위스에서 최후 빙하기가 끝난 이후에 흘러간 시간을 어림했다. 이는 빙하기 이후 스위스의 호수 바닥에 쌓인 퇴적층의 두께 그리고 퇴적 속도의 추정을 통해 계산했는데, 그 결과 약 20,000년 이라는 값이 나왔다.

최후 빙기 이후의 시간이 20,000년이라는 것을 기반으로 해서 펭크와 브뤼크너는 과거 여러 간빙기의 길이를 추정하기 시작했다. 이는 최후 빙하기 이후의 침식 깊이와 과거 간빙기 동안의 침식 깊이를 비교하여 이루어졌다. 이렇게 해서 그들은 최후 빙하기(뷔름) 직전의 간빙기는 60,000년 동안이었으며 그 앞서의 대 간빙기(the Great Interglacial)는 약 240,000년 동안 지속되었다는 계산치를 얻었다. 그들은 결국 플라이스토세의 길이가 650,000년이라고 어림잡았다.

1909년에 펭크와 브뤼크너는 플라이스토세 동안의 기후 변천사를 그림을 발표했다(그림 29). 그로부터 15년 후 밀란코비치가 천문 이론에 따른

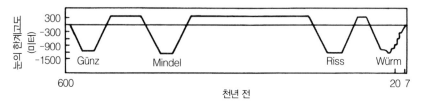

그림 29 이론적인 유럽 빙하기의 전개 순서. 1909년 펭크(A. Penck)와 브뤼크너(E. Brückner)가 발표한 유럽 대륙의 기후 변천사를 바탕으로 한 그림. 네 번으로 추정되는 빙하기(귄츠(Günz), 민델(Mindel), 리쓰(Riss), 뷔름(Würm))으로 명명) 동안 알프스의 설선(雪線)은 지금보다 1,000미터나 아래에 위치했다고 한다. (밀란코비치(M. Milankovitch), 1941에 의함.)

일조량 변화곡선을 그려서 쾨펜에게 편지로 보내왔을 때, 쾨펜은 즉각 이를 이 펭크와 브뤼크너의 그림에 비교해보면 밀란코비치 이론을 검증할 수 있겠다는 착상을 했다. 제8장에서 서술한 바와 같이, 쾨펜과 베게너는 1924년에 이 비교를 통해서 이론과 사실이 훌륭하게 맞아 떨어진다는 결론을 얻었다. 밀란코비치의 일조량 그림과 펭크 및 브뤼크너의 기후 변화 그림에서 공통되는 점은 빙하기가 기다란 온난 기후 사이에서 짧은 맥동으로 나타나는 점이다. 빙하기와 일조량 최저점이 시간적으로 딱 들어맞지는 않았지만 두 곡선의 대체적 모양은 상당히 비슷했다. 쾨펜과 베게너는 특히 민델 빙하기와 리쓰 빙하기 사이의 간빙기(펭크와 브뤼크너가 명한 대간빙기(the Great Interglacial))가 밀란코비치가 예언한 긴 온난기에 대응된다는 사실에 감명되었다. 또한 펭크와 브뤼크너가 제시한 마지막 빙하기 이후의 20,000년이라는 시간이 마지막 최저 일조량 이후의 기간인 25,000년과 상당히 잘 맞아떨어지고 있었다.

쾨펜과 베게너는 이처럼 독자적으로 다른 연구를 통해 밀란코비치의 천문 이론이 입증되는 것이 흡족했다. 쾨펜은 이 기쁜 소식을 밀란코비치에게 전했으며 그해인 1924년에 밀란코비치의 일조량 변화곡선을 세상에 알렸다. 그 이후 15년에 걸치면서, 독일의 지질학자 에벨(Barthel Eberl)과 쇠르겔(Wolfgang Soergel)은 스위스의 단구 지형을 재조사해서 펭크와 브뤼크너의 단구 가운데 몇 개는 사실상 여러 매의 자갈층으로 된 복합구조라는 것을 알아냈다. 한편으로 펭크와 브뤼크너는 새 기후 변화곡선을 제시했는데 이것은 밀란코비치 일조량 곡선과 세세한 부분까지 잘 일치했다. 그래서 밀란코비치는 1941년에 발표한 자신의 논문에 이러한 지질학적 연구의 성과를 요약하여 넣었다(그림 30).

1930년대와 1940년대에 유럽 지질학자 대부분은 밀란코비치의 이론에 설복되어 있었다. 그래서 "새로운 방법으로 퇴적물을 분류하고 이를 일조량 곡선에 연관시켜 연령을 부여하는 학자들이 계속 늘고 있다"라고 밀란코비치 스스로도 기쁘게 서술했다. 서서히 그리고 확실하게 강조점이 옮아가고 있는 것이다. 즉, 예전에는 지질학적 기록을 통해 이 이론을 검증하려 했던 것에 비해, 이제는 이론으로써 기록을 설명하려 하는 것이다. 밀란코비치는 말했다. "이런 방식으로 빙하기의 시간표가 결정되었다." 린던 대학교(University of London)의 지구 연대학 교수인 주너(Frederick E. Zeuner)도 이렇게 시간표를 만들어 가는 사람 중의 하나였다. 1946년과 1959년에 나온 주너의 저서들을 보면 밀란코비치의 시간표를 이용해서 플라이스토세의 여러 사건들에 연대를 부여한 것을 볼 수 있다.

먼 곳 알프스의 단구지형을 잘 알지 못하는 미주 지질학자들은 밀란코비치 이론에 회의적인 편이었다. 유럽에서도 밀란코비치의 이론이 만장일치로 받아들여진 것은 아니었다. 독일의 쉐퍼(Ingo Schaefer)라는 학자는 이 이론에 반대하는 사람 중의 하나였다. 그는 알프스 강 계곡에 대해 많은 연구를 한 사람인데, 펭크-브뤼크너의 가설이 잘못됐다는 확신을 가지고 있었다. 어떤 자갈층에서는 온난 기후에만 서식하는 조개 화석이 나왔

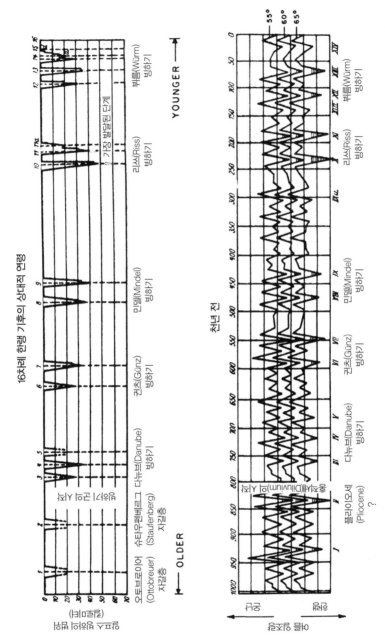

그림 30 밀란코비치 이론에 대한 에베른의 검증. 에베른 해석한 유럽 기후의 변화 역사(위 그림)와 밀란코비치의 북위 55°, 60°, 65°에서의 일조량 변화 곡선 (아래 그림)이 비교되어 있다. 에베른 그림에서는 시간 좌표가 축소되어 않지만, 밀란코비치는 이 두 그림의 모양이 일치하는 사실로부터 지선의 자선의 방하기 이론이 증명되었다고 보았다. (밀란코비치(M. Milankovitch), 1941로부터)

기 때문이다. 이러한 조개를 함유한 자갈층들이 어떻게 빙하기에 퇴적되었다는 말인가? 이와 같은 질문은 밀란코비치 이론의 근저를 흔드는 아주 난처한 것이었다. 그러나 유럽 지질학자들 대부분은 쉐퍼가 발견한 화석이 예외적일 것이라고 치부하면서 문제를 피해가려 했다.

그런데 얼마 지나지 않아서 밀란코비치 이론을 반대하는 다른 목소리들이 일어났다. 일부 기상학자들은 밀란코비치 이론이 지구의 일조량 균형만 고려할 뿐이고 열을 운반하는 대기와 해양의 역할을 무시했다고 지적했다. 또 다른 이들은 밀란코비치의 계산에서 잘못된 점을 지적했다. 이론에 따르면 빙하기의 여름 기온은 지금보다 섭씨 6.7° 낮은 것으로 나왔다. 이 계산 값에는 수긍했지만, 빙하기의 겨울 기온이 지금보다 섭씨 0.7° 높게 나온 계산 결과에 대해서는 여러 학자들이 납득할 수 없다고 했다. 밀란코비치 자신은 이러한 비판을 괘념치 않았다. "무시하는 사람들에게 기본교육을 시켜줄 의무가 나에게는 없다. 나는 내 이론을 받아들여달라고 다른 사람에게 강요한 적이 없다. 그리고 내 이론에는 잘못된 것이 없다."

쉐퍼가 발견한 치명적인 야외 증거, 그리고 기상학자들이 제기한 이론적 반대에도 불구하고 1950년으로 접어들 때까지 대다수 학자들은 계속 밀란코비치의 천문 이론을 따르고 있었다. 그러다 1950년대 초에 이르러 극적인 반전이 일어나고 결국 1955년에는 대부분의 지질학자들이 이 이론을 거부하게 되었다. 이처럼 밀란코비치 이론이 몰락하게 된 것은 플라이스토세 화석의 연령을 측정하는 획기적인 새로운 방법이 나왔기 때문이었다.

새로 등장한 기법은 1946년부터 1949년 사이에 시카고 대학교(University of Chicago)의 리비(Willard E. Libby)가 개발한 방사성탄소 연대측정법이라는 것이었다. 리비는 우주선(宇宙線, cosmic rays) 피폭으로 대기권에서 소량의 방사성탄소가 생겨난다는 사실을 알아냈다. 결국 이 방사성탄소 원자들은 모든 동식물의 생체에 흡수되는데, 이러한 일은 동식물이 살아 있는 동안만 일어난다. 동식물이 죽으면 생체 조직 속의 방사성탄소 원자들은 붕괴되며 불활성 질소로 변해간다. 이러한 붕괴 속도는 측정이 가능하다. 그래서 리비는 이 원리를 이용하면 화석생물이 죽은 시기를 계산해낼 수 있다고 생각했다. 이때 필요한 것은 화석 속에 들어 있는 탄소 원자들 중 방사성탄소 원자가 남아 있는 비율이다. 리비는 자신의 착상을 널리 적용해서 시험해본 결과, 이 방사성탄소 연대측정법이 아주 잘 들어맞는 것을 확인할 수 있었다. 한 가지 한계는 화석 연령이 약 40,000년 이내여야 정확한 측정 결과를 얻을 수 있다는 점이다.

1951년부터 지질학자들이 이 방사성탄소 연대측정법을 사용할 수 있게 되었다. 그러자 즉각 이를 통해 빙하기의 확실한 연대를 밝히려는 노력이 전세계에서 일어났다. 예일 대학교(Yale University), 컬럼비아 대학교(Columbia University), 미국 지질조사소(U.S. Geological Survey), 그리고 네덜란드의 그로닝겐 대학교(University of Groningen) 등을 필두로 여러 기관이 방사성탄소 연대측정 실험실을 설치했다. 또 쥐스(Hans Suess), 루빈(Meyer Rubin), 드브리스(Hessel DeVries)와 같이 앞서가는 지구화학자들은 곧 밀려들 연대측정 시료들을 분석할 준비를 갖추었다. 오래 기다릴 필요도 없이 사람들이 세계 각지의 표류 단구 자갈층, 호저 퇴적물 등에서 나무, 갈탄, 조개껍질, 뼈 등의 시료를 채취해오기 시작했다. "유기물이면 수집해서 연령을 측정하라"는 것이 당시의 통상 규칙이었다. 그리하여 많은 연대측정 데이터가 생산되었는데, 이를 널리 알리기 위해 특별히 *방사성탄소 (Radiocarbon)*라는 정기간행물도 창간되었다.

미국에서는 예일 대학교의 플린(Richard F. Flinn)이라는 지질학자가 플라이스토세의 표류토 연구에 이 방사성탄소 연대측정법을 체계적으로 적용하기 시작했다. 그는 미국 동부 및 중부에 분포하는 위스콘신[51] 표류토로부터 상당수의 시료를 채취하여 루빈에게 방사성탄소 분석을 의뢰했다. 그 결과 이 위스콘신 표류토는 실로 최소 두 개 혹은 그 이상의 빙하기를 기록하고 있는 것으로 나왔다. 여태까지는 위스콘신 표류토가 하나의 빙하기를 대변하는 것으로 생각해왔는데, 방사성탄소의 분석결과는 이러한 가설이 옳지 않음을 명백하게 보여준 것이다. 표류토에서 오래된 부분은 거의가 방사성탄소 연령의 측정 범위를 넘어서고 있었다. 반면 젊은 부분은 측정 범위 안에 들어서 플린과 루빈은 빙하가 최대 면적을 이뤘던 대빙하기가 18,000년 전의 일이라는 것을 알게 되었다. 그러다가 약 10,000년 전에 이 빙하는 급속히 사라졌다.

이 방사성탄소 혁명에 따른 결과는 한동안 밀란코비치 이론과 맞아 떨어지는 것처럼 보였다. 마지막 최대빙기가 18,000년 전이라는 방사성 연대측정 결과는 마지막 일조량 최저치가 25,000년 전이라는 밀란코비치의 계산보다는 7,000년 적게 나온 것이지만, 이는 지구의 일조량 변화에 대해 빙원이 굼뜨게 반응했기 때문이라는 설명으로써 납득되었다. 실제로 밀란코비치도 이러한 시간 지연이 있으며 이는 약 5,000년 정도 된다고 예측한 바 있다.

그러던 중 결국 일리노이주 팜데일(Farmdale, Illinois)에서 연령이 25,000년이 되는 갈탄층이 발견되자 밀란코비치 이론에 대한 신뢰가 산산조각 났다. 갈탄이라는 것은 오직 온난한 기후에서만 생성되는 것이기 때문이다. 얼마나 따뜻했는지는 알 수 없었지만 이 온난 시기는 최저 일조량 시기와

51) 옮긴이 주석: 이 장 앞부분에서 본 바와 같이 이는 마지막 빙하기의 이름이다.

딱 들어맞았다. 같은 연령의 갈탄층이 미국 중서부, 동부 캐나다, 유럽 등지에서도 발견되면서 밀란코비치의 천문 이론에 배치되는 지질학적 증거들이 압도적으로 늘어갔다.

지질학자들은 방사성탄소 연대측정법을 이용해서 자신이 야외에서 관찰한 결과에 확실한 연대를 매길 수 있게 되었다. 이를 통해 지질학자들은 일조량 변화 곡선과 직접 비교할 수 있는 기후 변화 곡선을 만드는 새 기법을 개발했다. 편리한 하나의 남-북선을 설정하고 이 선상에 나타나는 많은 수의 빙퇴석(till)과 뢰쓰(loess)의 연령을 측정한 후, 빙퇴석-뢰쓰 간의 경계를 시간에 따라 도시하면 빙하가 전진하고 후퇴했던 남쪽 한계선이 들쭉날쭉 드러나게 된다[52].

방사성탄소 연대측정의 신뢰 한도인 40,000년을 넘어가는 시도들도 있었다. 1960년대 중반에 몇몇 연구집단은 과거 70,000년 또는 심지어 80,000년 동안 빙원의 남쪽 경계가 어떻게 전진 및 후퇴했는지를 보이는 그림을 만들었다. 그중 가장 자세한 것은 골드웨이트(Richard P. Goldthwait)와 드라이마니스(Aleksis Dreimanis) 및 그들의 동료들이 인디애나(Indiana)에서 퀘벡(Quebec)을 연결한 선을 따라 만든 것이었다(그림 31). 이를 보면 거의 모든 지점에서 천문 이론에 배치되는 기후 변화 양상이 나타난다. 예컨대 약 72,000년 전은 최저 일조량의 시기인데도 빙하 경계선은 최대 남하선보다 훨씬 북쪽인 퀘벡 남쪽까지 올라간 것으로 나온다. 나아가 이 그림에서는 빙하의 남진기가 60,000년 전, 40,000년 전 그리고 18,000년 전의 세 번으로 나오는데, 밀란코비치의 예언에서는 이에 대조되게 세 번째 것만 나올 뿐이다.

••
52) 옮긴이 주석: 그림 31 참조.

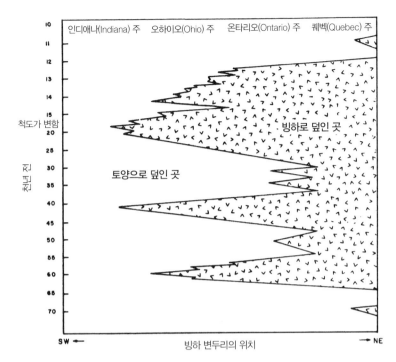

그림 31 인디애나(Indiana)와 퀘벡(Quebec) 사이에서 빙원의 선단부가 전진하고 후퇴한 양상. 빙원 선단부의 지리적 위치는 빙하 표류토와 뢰쓰 사이의 경계로 알 수 있다. 방사성탄소 연대측정을 통하여 70,000년 전까지의 빙하의 전진과 후퇴가 도시되어 있다. 그런데 이렇게 매겨진 빙하기 연대는 밀란코비치 이론에 의한 연대와 차이를 보였다. (골드웨이트(Goldthwait) 외, 1965로부터.)

지질학자들은 더 오래된 표류토층에 대해도 방사성탄소 연대측정법을 적용했는데 결과는 마찬가지였다. 과거 80,000년 동안, 더 정확히 말해서 지질학자들이 과거 80,000년이라고 믿는 기간에 나타난 빙하기의 숫자는 밀란코비치 이론에서 말하는 것보다 더 많았다. 그래서 1965년 무렵에는 빙하기의 원인으로 천문 이론을 지지하는 사람은 대부분 사라져버렸다.

10
깊은 곳 그리고 먼 옛날

밀란코비치(Milutin Milankovitch) 이론이 법정에 세워졌다면, 이 이론을 지지하는 사람들은 마땅히 그 절차에 하자가 있다고 주장할 것이다. 기소 이유가 오직 육상에서 수집된 증거들로만 이루어졌기 때문이다. 과거 기후 변화에 대한 육상 퇴적층의 기록들은 조각조각에 불과해서, 밀란코비치 "사건"에서 지금 증거라고 내놓은 것들은 편파적일 뿐더러 그 정보 자체도 불확실한 수가 있는 것이다.

크롤(James Croll)은 일찍이 육상의 지질학적 기후 기록이 불완전하다는 것을 알고 있었다. 그래서 언젠가 지질학자들이 해저 퇴적층을 연구하게 되면 보다 완전한 빙하시대 층서기록을 얻게 되리라 내다보았다. "수백 피트의 모래, 뻘, 자갈에 덮여 있는 저 깊고 먼 바다 속에는 … 강물에 의해 운반된 다양한 종류의 육상 식물과 동물들이 묻혀 있다. 당시 바다에서 번성했던 생물들의 골격과 아울러 조개껍질과 같은 허물과 탈각들도 같이 묻혀 있는 것이 틀림없다." 그러나 이 같은 크롤의 생각은 추정 정도로 그칠 수밖에 없었다. 크롤 당대의 과학자들은 사실 깊은 바닷속보다는 달 표면을 더 잘 안다라고 말해야할 형편이었다.

그러나 바다는 비밀을 오래 숨기지 않았다. 1872년에 영국 정부는 2,306톤급 증기 코르벳선 챌린저(H.M.S. Challenger)호를 건조해서 3년 반에 걸치는 세계일주 탐험 항해를 수행토록 했다. 톰슨(C. Wyville Thomson)이 지휘하는 6명의 챌린저 승선 과학자들은 수심 측정법, 해수 채취법, 동식물 포획법, 그리고 모든 수심에서 그물을 가지고 해저를 훑는 기법을 개발했다. 1875년에 챌린저호가 탐험을 마치고 귀환하자 바다 속의 비밀이 많이 풀렸다.

챌린저호 과학자들의 관찰을 통하여 크롤의 여러 예언이 사실로 드러났다. 현무암이 노출된 몇 곳을 제외하면 해저는 퇴적물로 덮여 있었다. 강물을 따라 바다로 흘러온 퇴적물들은 대륙 연변부에서 해류에 의해 재배치되는데, 이곳 해저는 육상 식물 등 파편이 섞인 모래와 뻘 층으로 되어 있다. 그러나 대륙 연변부에서 멀리 떨어진 심해저 바닥은 대부분 미세 연니(軟泥)로 덮여 있다. 챌린저호 지질학자들이 이 연니 시료를 현미경으로 관찰한 결과, 거의가 아주 작은 동·식물의 화석으로 이루어졌음이 나타났다. 곧 이 미화석 생물들의 서식지가 밝혀졌다. 생물학자들이 선상에서 그물로 해수 표면을 훑어 올리자, 그 안에는 수많은 부유성 생물들(총체적으로 플랑크톤(plankton)이라고 부름)이 들어 있었는데 이들 중 광물화된 것은 해저에서 채취한 것과 똑같았다. 즉, 해저의 유기 기원 연니는 이 부유생물들의 뼈가 오랜 세월에 걸쳐 눈처럼 서서히 내려 쌓인 것임이 분명하다.

챌린저호 과학자들은 광범위하게 해저를 덮고 있는 연니의 한 종류는 유공충(有孔蟲, foram)이라고 부르는 동물 플랑크톤의 석회질 잔재라는 것을 알아냈다. 이 연니층은 특히 수심이 4,000미터를 넘지 않는 온대와 열대 바다에서 주로 나타난다. 다른 종류의 연니는 북극 및 남극바다에서 널리 나타나는데, 주로 오팔(opal)로 이루어졌다. 오팔은 유리질 광물인데 방산충(放散蟲, radiolaria)이라고 하는 부유 동물이나 규조(硅藻, diatom)라고 하는 부유 식물이 해수로부터 추출한 것이다. 탐험 항해를 마치고 그간 수집한 자료를 지도화하자, 이 두 가지 유기 기원 연니가 해저의 절반을 덮고 있는 것으로 나타났다. 이는 대륙 전체를 합한 면적이다. 이에 대조되게 수심 4,000미터를 초과하는 심해저는 유기 연니 대신 화석이 전혀 없는 갈색 점토로 덮여 있다. 그 이유는 오팔이나 석회질 생물의 골격은 이렇게 깊은 수심까지 하강하는 동안에 해수에서 녹아버리기 때문이다. 그래서 심해저에 남아 있는 것은 조류나 바람에 불려 다니던 미세 점토입자들 뿐이다.

챌린저호가 항해에서 돌아오자, 영국의 과학자 머리(John Murry)는 국제적 연구단을 조직해서 그간 수행한 엄청난 양의 관찰을 분석했다. 분석 작업은 1895년에 끝이 나서 50권의 보고서로 출간되었다. 옛 기후를 연구하는 사람들에게 특히 흥미로운 것은 유공충(그리고 다른 부유생물들)의 몇 종은 오직 온난한 바다에만 산다는 것이다. 그래서 완전한 기후 기록을 해저의 퇴적층에서 추출해낸다는 크롤의 꿈이 드디어 손에 잡히게 되었다. 기후가 변하면 온도에 민감한 생물종의 지리적 분포도 함께 변한다. 또 어느 한 장소에 빙하기가 오고 갔던 완전한 기록은 일련의 퇴적층에 영구히 보존된다.

한 가지 문제가 남아 있다. 해저 퇴적층으로부터 기후 변화의 역사를 복원해내려면 과학자들은 퇴적층의 단면도를 만들어내야 한다. 그래서 단면도를 만들기 위한 여러 노력이 기울여졌는데, 근저를 이루는 원칙은 모두 같다. 즉, 속이 빈 철관을 해저에 박아 넣었다가 꺼내 올리면 그 안에 퇴적물의 "코어(core)"가 따라 올라온다. 처음에 고안된 기구는 철관을 중력만의 힘으로 해저에 박아넣기 때문에 중력 코어기(gravity corer)라고 불렸다. 이 코어장치를 매달아 내려뜨렸다가 고정 끈을 풀면 하강하는 힘으로 시추관이 퇴적층을 뚫고 들어간다. 그런데 이런 장치로써는 1미터 정도의 코어를 채취할 수 있을 뿐이었다. 이는 빙하기의 완전한 역사를 규명하기에는 충분치 못한 길이이다. 침투 깊이를 늘리기 위해 시추 장비에 납으로된 추를 달기도 했으나, 침투시 큰 마찰력이 발생해서 별로 효과를 보지 못했다. 그래서 다른 장치들이 시도되었는바, 피고(Charles S. Piggot)라는이는 다이나마이트를 써서 시추관을 해저로 박아넣는 특이한 방법을 쓰기도 했다. 그러나 이 방법은 화석의 분포를 심하게 왜곡시켜서 만족스럽지 못했다.

중력 코어기에 한계성이 있었지만 쇼트(Wolfgang Schott)라고 하는 독일 고생물학자는 독일의 탐사선 메테오르(Meteor)호가 1925-1927년 동안 적도 대서양 해저에서 이 방법으로 채취한 코어들을 연구했다. 쇼트의 연구 결과는 1935년에 간행되었는데 미래의 플라이스토세(Pleistocene) 플랑크톤 연구의 방향을 제시하는 역할을 했다. 쇼트는 지금 해저에 있는 부유성 유공충 21종의 분포도를 작성했다. 또 1미터 코어를 등간격으로 나누어 시료를 채취하고 각 종(種)에 대한 통계를 만들었다. 그 결과 코어는 세 층으로 나뉘었고, 대부분 코어의 상위 30 또는 40 센티미터는 그 아래의 층과 아주 다른 유공충 군집을 보였다. 맨 윗층(제1층, Layer 1)의 군집은 지금 해저에 퇴적되는 것과 동일했다. 그 아랫층(제2층, Layer 2)의 유공충은 같은 종들로 되어있지만 각 종의 비율이 달랐다. 제1층은 "따뜻한" 종의 유공충으로 되어 있는 반면, 제2층은 "차가운" 종의 비율이 더 컸다. 어떤 한 종의 유공충은 제1층과 제3층에서만 나타나고 제2층에서는 완전히 결핍되었다. 그 종의 이름은 메나르디(*Globorotalia menardii*)인데 이는 그 후 오랫동안 지질학자들의 입에 오르게 된다. 쇼트는 메나르디가 없는 제2층은 적도 대서양의 표면 수온이 이 종이 살 수 없도록 낮았던 지난 최후 빙하기에 퇴적되었다고 결론지었다. 이 견해에 따르면 메나르디가 풍부한 제1층은 빙하기가 물러난 뒤에 퇴적된 지층이며, 또한 메나르디를 가진 제3층은 빙하기 이전의 간빙기에 퇴적된 지층인 것이다.

쇼트의 연구 성과를 본 고생물학자들은 중력 코어기보다 더 긴 코어를 뚫는 기구를 가지고 싶어했다. 쇼트는 결국 단 1미터의 코어를 가지고 지난 간빙기까지 이르는 기록을 확보한 것인데, 10미터 코어라면 얼마나 더 많은 지식을 얻게 되는 것일까?

1947년에 드디어 이 시추 길이 문제가 풀렸다. 스웨덴의 해양학자 쿨렌베르크(Björe Kullenberg)가 코어기의 관(tube)이 해서를 뚫고 들어가는 동안 퇴적층이 코어관 안으로 빨려 들어오게 하는 피스톤(piston) 코어기를 개발했다. 이 기구를 사용하면 일상적으로 10 내지 15미터 길이의 코어 획득이 가능하다. 그러하니 기후 역사 연구에서 새로운 장이 열린 것이다.

이 쿨렌베르크 코어기(Kullenberg corer)는 1947-1948년에 걸쳤던 스웨덴의 심해 탐험(Swedish Deep-Sea Expedition)에서 처음 사용되었다. 페터슨(Hans Pettersson)이 이끄는 일련의 과학자들은 연구함 알바트로스(*Albatross*)호로 전세계를 누비면서 모든 해양에서 긴 코어를 채취했다. 태평양 코어는 캘리포니아에 있는 스크립스 해양연구소(Scripps Institution of Oceanography)[53]의 아레니우스(Gustaf Arrhenius)에게 보냈다. 이 시료를 화학분석한 아레니우스는 탄산칼슘(석회성분)의 농도가 주기적으로 변한다는 사실을 알아냈다. 다시 말해, 석회성분 화석의 함량이 높은 층과 낮은 층이 교호하는 것이다. 아레니우스는 이 변화가 태평양 내 해수 순환의 강도가 빙하기와 간빙기에 서로 다르기 때문이라고 생각했다. 다시 말해 탄산칼슘질 화석 함량의 변화에 해수 순환 강도의 변화가 반영되어 있는 것이다.

아레니우스의 연구 결과는 플라이스토세의 기후 변화를 고생물학적 증거로써 뿐만 아니라 화학적 증거로써도 이야기할 수 있다는 것을 말한다. 최소한 태평양의 경우에 말이다. 이번에는 대서양에서 채취한 코어에 대해 컬럼비아 대학교(Columbia University) 연구진이 탄산칼슘 농도를 측정했는데 이 코어들 역시 탄산칼슘 농도의 주기적 변화를 보였다. 그런데 변화 주기가 태평양과는 반대였다. 즉, 빙하기에 퇴적된 것들은 석회성분이 낮았고 간빙기의 것들은 높았다. 기후 변화에 대해 태평양과 대서양이 서로 다르게 반응한 것이 분명했다.

아레니우스의 연구에 의하면 태평양에서의 퇴적작용은 1세기 당 1밀리미터 정도의 매우 느린 속도로 진행된다. 이는 어떤 면에서 고생물학자들에게 도움이 되는 것이었다. 왜냐하면 짧은 코어에도 플라이스토세 전체의 기후 기록이 들어가 있을 수 있기 때문이다. 그런데 퇴적 속도가 느리다는 것은 기후 변화의 상세한 기록을 해독해내는 데 있어서는 불리한 점이기도 하다.

반면 대서양에서는 퇴적작용이 1세기 당 통상 2-3밀리미터 정도로 빠르게 일어나서 이곳 코어에서는 보다 완전한 기후 기록을 기대할 수 있다. 그래서 지질학자들은 대서양에서 페터슨이 쿨렌베르크 코어기로 건져 올

53) 옮긴이 주석: 대서양 연안 컬럼비아 대학교의 Lamont-Doherty Earth Observatory와 쌍벽을 이루는 태평양 연안 캘리포니아 대학교 산 디에고(San Diego) 캠퍼스의 해양연구소.

린 39개의 긴 코어에서 나올 연구 결과를 관심 깊게 기다리고 있었다. 이들 코어는 스크립스 해양연구소의 세 과학자 플레거(Fred B. Phleger), 파커(Francis L. Parker), 페어슨(Jean F. Peirson)이 분석했다. 이 과학자들은 1953년에 발간된 연구보고집에서 긴 대서양 코어는 플라이스토세 동안 최소 9번의 빙하기를 기록하고 있다고 했다. 한편으로 그들은 심해저 퇴적물을 가지고 기후 변화의 역사를 연구하는 과정에 문제가 없지는 않다는 것을 알게 되었다. 즉, 몇몇 코어가 천해성 유공충을 함유하고 있는 것이다. 이 천해성 유공충들은 어떻게 인지는 몰라도 인근 연안으로부터 유입된 것이 확실하다. 어떻게 이들, 그리고 이들을 함유한 모래층이, 눈처럼 서서히 쌓이는 부유생물의 유해에 섞여들게 되었는지 수수께끼였다.

플레거는 해양학 교수로 스크립스로 오기 전에 케이프 코드(Cape Cod)에 있는 우즈 홀 해양연구소(Woods Hole Oceanographic Institution)에서 몇 년간 일한 적이 있었다. 그는 거기서 에릭슨(David B. Ericson)이라는 사람을 실험실과 함상의 조수로 고용한 적이 있었다. 에릭슨은 플로리다 시질조사소에서 지질학 조수로 근무하던 시절부터 꼭 한번 해양퇴적물을 연구해보겠다고 결심하고 있었다. 한편, 이 우즈 홀 해양연구소에는 유잉(Maurice Ewing)이라는 지구물리학자가 있었는데, 해양저 지각(海洋底 地殼)에 대한 중요한 발견의 첫걸음을 내딛는 중이었다. 유잉은 1949년에 대서양의 중앙해령에 대한 탐사 계획을 세우면서 해양 화석 연구에 경험이 있는 조수를 찾고 있었는데, 에릭슨이 바로 그가 찾는 적임자였다.

1950년에 유잉은 컬럼비아 대학교(Columbia University)에 자리를 갖게 되어 자기 코어들을 가지고 뉴욕으로 이사했다. 에릭슨이 회상한 바에 따르면 유잉은 "항상 코어와 함께 지냈다". 유잉의 해양저 기원에 대한 연구에 끌린 일련의 중견 과학자들과 기술자 그리고 학생들이 곧 이어 컬럼비아 대학교로 모여들었다. 유잉의 연구그룹은 컬럼비아 대학교 셔머혼 홀(Schermerhorn Hall)에서 빠르게 규모를 키워갔다. 운 좋게도 컬럼비아 대학교는 최근 라몬트(Thomas Lamont)라는 이로부터 뉴욕 주 팰리세이즈(Palisades)에 있는 교외 대지를 기증받은 참이었다. 유잉 그룹은 라몬트 대지로 옮겨갔고, 몇 년 후에는 그들의 라몬트 지질연구소(Lamont Geological Observatory)를 세계적으로 저명한 해양학 및 지구물리학 연구의 중심으로 발전시켰다.

코어 연구의 잠재적 중요성을 인식한 유잉은 라몬트 연구소 선박이 어떤 과업을 수행하고 있든 간에 매일매일 피스톤 코어를 채취할 것을 고집했다. 매년 수백 개의 코어가 끌어올려지고 장래의 연구를 위해 보관되었다. 라몬트에 수집된 코어의 양은 곧 세계 최다가 되었고, 이에 따라 에릭슨은 기후 역사 연구를 위한 최적의 장소를 가지게 되었다. 쇼트와 스크립스 그룹의 연구 성과를 잘 아는 에릭슨은 그들의 성과를 확장하는 한편 더욱 상세한 기후 변화의 역사를 밝히겠다는 열망에 차 있었다. 그런데 앞서 플레거의 발목을 잡았던 바와 같이 일부 바다에서는 다른 곳으로부터 이동해 들어온 퇴적물들이 심각한 문제가 되었다. 모래와 조개껍질로 된 이 이동층은 어떤 방법으로인지 연안의 천해로부터 옮겨들어와 눈처럼 서서히 쌓인 심해저 플랑크톤 입자 층의 기후 기록을 망가뜨려놓았다.

플레거의 연구보고집이 아직 인쇄 중이던 1952년에, 에릭슨이 속한 라몬트의 두 동료 과학자가 이 이동층 문제를 풀어냈다. 1929년에 뉴펀들랜드(Newfoundland)의 그레이트 뱅크(Great Bank)에서 일어난 지진 기록을 연구하던 히젠(Bruce C. Heezen)과 유잉(Maurice Ewing)이 이동층이 생겨나는 과정을 밝혀낸 것이다. 1929년에 지진이 발생했을 때, 퇴적물 사태(sediment slide)가 해저로 쏟아지고 물에 뜬 퇴적 입자들이 저탁류(底濁流,

turbidity current)를 이루면서 사면을 따라 흘러내렸다. 급행열차처럼 높은 속도로 이동하는 저탁류는 해저 전화선을 절단하고 모래와 뻘 층이 되어 심해저의 정상 퇴적작용을 교란하면서 널리 확산해나갔다.

에릭슨은 이제 어떻게 이동층이 생겨났는지 알게 된 것이다. 그는 이런 층을 판별하는 방법을 고안해내어 기후 시그널에서 배제했다. 에릭슨과 조수 올린(Goesta Wollin)은 라몬트에 보관중인 모든 코어를 연구했다. 해마다 200개 정도의 코어가 들어오는 상황에서 이것은 쉬운 일이 아니었다. 일의 속도를 올리기 위해 에릭슨은 쇼트가 개발한 약식 실험 작업 방식을 사용했다. 에릭슨과 올린은 시료에 들어 있는 모든 종류의 유공충 개체 대신에 기후 변화에 특히 민감한 것으로 여겨지는 몇 개의 대표적 지시종 (그림 32)에 집중했다. 처음에는 지시종의 양을 추정하는 방식으로 일을 했지만, 후에는 더 정확한 자료가 필요해져서 실제 개체 수를 세었다. 에릭슨은 대서양 저위도 지역의 코어를 관찰하고 쇼트의 생각이 옳음을 확인했다. 저위도에서는 쇼트가 두 개의 온난 기후 층에서 괸칠했던 글로보로 탈리아 메나르디(Globorotalia menardii)가 대표적 지시종이었다. 다시 말해서, 메나르디의 양적 변화가 기후 변화를 명확하게 반영하는 것이다. 이에 반해서 고위도 한랭 지역에서 채취한 코어에서는 메나르디가 전혀 나타나지 않았다. 그러므로 고위도에 대해서는 다른 생물종을 이용해서 과거 기후 변화를 규명해야 한다.

1956년에 이르러 에릭슨은 서로 다른 두 방향의 연구를 통해 자신의 약식 방법이 옳다는 것을 확신하게 되었다. 하나는 그의 라몬트 동료인 브뢰커(Wallace S. Broecker)와 컬프(J. Laurence Kulp)가 추구한 연구였다. 이 두 지구화학자들은 에릭슨이 정한 상위의 두 퇴적층, 즉 메나르디(menardii)가 있는 최상위층과 없는 그 아래층의 연령을 측정하고 약 11,000년의 시

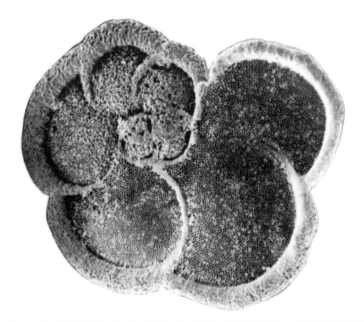

그림 32 심해저에서 채취한 화석. 해수 표면에 사는 여러 동·식물들이 죽으면 그들의 광물질 유해가 해저로 떨어져서 두꺼운 퇴적층을 이룬다. 이 사진에 보이는 껍질은 부유성 유공충의 한 종류인 글로보로탈리아 메나르디(*Globorotalia menardii*)라고 하는 것으로서, 에릭슨(D.B. Ericson)이 플라이스토세 기후의 지시자로 지목하고 집중적으로 연구한 것이다. 이 종의 너비는 약 1밀리미터다. (베(A. Bé)가 제공함.)

점을 경계로 급격한 변화가 있었다는 것을 밝혔다. 이 시점은 육상에서 방사성탄소 연대측정으로 판명된 급격한 기온 변화 시점과 아주 가까웠다. 1956년에 발표한 논문에서 에릭슨, 브뢰커, 컬프, 올린은 다음과 같이 결론을 내렸다. "코어 자료는 11,000년이 빙하기 역사상 아주 중요한 시점임을 말해준다. 이 시기에 해저와 육상에서 일어난 사건들을 대비해보면 빙하가 발생하게 된 요인을 알 수 있게 될 것이다." 이 논문과 같은 공동 집필의 사례는 연구가 학제적(學際的, interdisciplinary)으로 되어가는 추세를 반영하는데, 이는 결국 라몬트 연구의 특징이 되었다.

다른 연구는 플라이스토세의 해수 온도를 추정하는 또 다른 방법인데, 기후 관한 에릭슨의 연구 결과를 처음으로 그리고 독립적으로 확인해주는 역할을 했다. 이 방법은 1955년에 시카고 대학교(University of Chicago)의 에밀리아니(Cesare Emiliani)가 개발한 것인데, 유공충에 함유된 산소 동위원소의 비율을 이용하는 방법이다. 에릭슨과 에밀리아니가 같은 코어에다 각기의 방법을 적용하자 비교적 최근의 지층에서는 그 결과가 잘 일치되게 나왔다. 그런데 연령이 높은 지층에서는 두 결과가 일치하지 않았다. 그래서 이는 두고두고 상당한 논란거리가 되었다.

1961년에 이르자 에릭슨이 연구한 코어는 100개를 넘어서게 되어 이제 기후 역사에 대한 그의 지식을 정리할 시점이 되었다. 논의를 편하게 하고자, 아울러 "글로보로탈리아 메나르디(Globorotalia menardii)가 나오지 않는 위에서 세 번째 부분"과 같이 기다란 기술을 피하고자 에릭슨은 몇 가지 용어를 만들었다. 즉 (에릭슨, 유잉, 올린, 히젠이 1961년에 공동으로 제출한 논문에 대한 편집책임사가 십요하게 요구함에 따라) 코어 내의 층 이름을 알파벳으로 단순화하기로 한 것이다. 그래서 코어 최상부의 후빙하기 온난대(帶, zone)를 에릭슨의 Z대라 하며, 최후 빙하기는 Y대, 오늘날과 기온이 유사했던 그 앞의 간빙기를 X대라 한다(그림 33). 이 새로운 명명 체계는 즉각 받아들여졌고, 에릭슨 커브에서 주요 특징부를 지칭하는 간편한 수단이 되었다. 메나르디의 함량이 높은 V대는 특이하게 길며, 그 아래의 메나르디가 없는 U대는 특이하게 짧다. 에릭슨은 긴 V대가 펭크와 브뤼크너가 유럽의 기후 연구에서 밝혀낸 대 간빙기(the Great Interglacial)에 잘 대비된다고 말했다. 에릭슨 자신은 밀란코비치 이론을 지지하는 사람은 아니었다. 그런데 밀란코비치 이론을 지지하는 사람들은 메나르디 커브에서 위안을 얻었으리라.

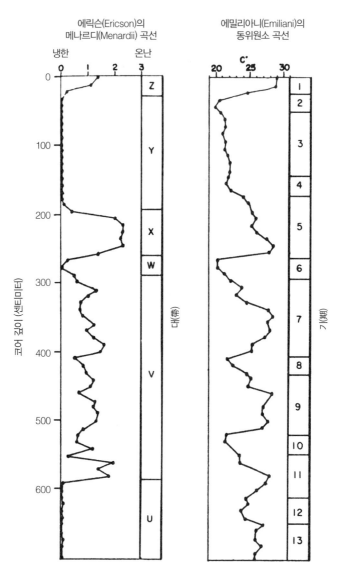

그림 33 에릭슨(D.B. Ericson)과 에밀리아니(C. Emiliani)가 복원한 카리브해 빙하기 (Caribbean ice ages) 역사. 에릭슨은 카리브해의 심해 코어(A174-9)에서 관찰되는 글로보로탈리아 메나르디(*Globorotalia menardii*)의 산출량 변화가 기후 변화의 기록 이라고 해석했다. 그는 한랭기를 U, W, Y대(Zones)로, 온난기를 V, X, Z대로 나타냈다. 같은 코어를 가지고 에밀리아니가 측정한 산소 동위원소의 비율 변화도 역시 기후 변화의 기록으로 해석된다. 이 그림에서 온난기는 13, 11, 9, 7, 5, 3기(Stages)로, 한 랭기는 12, 10, 8, 6, 4, 2기로 표시되어 있다. (C. Emiliani, 1955와 D.B. Ericson 외, 1961의 자료.)

그러는 동안 에릭슨은 자신의 화석 자료와 에밀리아니의 동위원소 온도 자료 사이에 심각한 괴리가 있다는 것을 깨닫기 시작했다. 이를 해결하고자 두 사람은 카리브해에서 채취한 3개의 시료를 서로 각자의 방법으로 분석하기로 했다(그림 33). 에밀리아니의 방법은 섭씨의 온도를 제공하는 반면 에릭슨의 방법은 오직 온도 변화의 추이만을 보여준다. 에밀리아니는 아레니우스(Arrhenius)가 개발한 체계에 입각해서 코어 위쪽에서부터 아래를 향해 온도 변화에 번호를 붙였다. 뒤 제11장에서 논의하는 바와 같이 두 방법은 에릭슨의 W~Z 대(帶)(에밀리아니의 6~1 기(期))에서 대체적으로 유사한 양상을 보인다. 그런데 변화 추이를 자세히 비교하면 차이가 드러나기 시작한다. 우선, 에릭슨의 X대는 에밀리아니의 5기보다 짧다. 그리고 에밀리아니의 3기에서는 짧기는 해도 현저한 온난기를 보이는 데 반해 에릭슨의 Y대에서는 이러한 것이 나타나지 않는다. 유달리 긴 에릭슨의 V대는 에밀리아니의 곡선에서는 여러 개의 기로 분리된 모습이다. 에릭슨의 U대(한랭)는 에밀리아니의 온난기 11이나 13과 확연하게 다르다. 이 차이점에 대해는 10년이 넘도록 만족스런 설명이 나오지 않았다.

1963년에 이르러 플라이스토세의 기후 역사를 규명해오던 에릭슨, 유잉, 올린이 연구에서 큰 진전을 이뤘다. "1947년부터 43회에 이르는 해양탐사를 통해 모든 대양과 그 주변 바다에서 수집한 3,000개 이상의 코어"를 분석한 결과 "우리는 8개의 코어에서 플랑크톤 화석이 명확히 변하는 한 경계면을 찾아냈다". 이는 별 모양의 해양생물인 디스코아스터(discoaster)가 절멸한 경계면이다. 그들은 이 경계가 플라이토세 첫 빙하기의 시작점이라고 결론 내리면서, 시간적으로는 150만 년 전이라고 했다.

그러나 지질학자들은 전반적으로 에릭슨과 그의 동료들이 내린 결론을 별로 수긍하지 않았다. 우선 연대를 믿지 못했다. 증명하기 어려운 가정에서 나왔기 때문이다. 또 에릭슨이 메나르디 대에 부여한 기후적 해석에도 의문을 가졌다. 1964년에 에릭슨과 올린은 *깊은 곳 그리고 먼 옛날*[54] (*The Deep and the Past*)이라는 책을 통해 자신들의 연구 방법을 설명했다. 그런데도 회의적 태도는 남아 있었다. 그러던 상황에서 에밀리아니가 같은 바다의 퇴적물, 바로 같은 코어에서 전혀 다른 연구 결과를 얻어냈다.

54) 옮긴이 주석: 이것은 이 10장의 제목이기도 하다.

11
플라이스토세의 기온

1949년에 에릭슨(Ericson)과 유잉(Ewing)이 대서양 중앙해령으로부터 그들 최초의 코어를 끌어 올리는 순간, 에밀리아니(Cesare Emiliani)는 대학원에서 고생물을 공부하기 위해 시카고 대학교(University of Chicago)로 가고 있었다. 그때 그는 이탈리아 북 아페닌(Appenines) 산맥에서 채취한 암석 시료들을 가져가고 있었는데 아페닌은 그가 1945년에 볼로냐 대학교(University of Bologna)를 졸업하고 석유 지질학자로 일하던 곳이다. 에밀리아니는 시카고 대학교에서 일년 가량 지내면서 지적(知的)인 지평도 넓히고 아페닌 시료의 몇 가지 흥미로운 특성도 연구하고 싶었다.

시카고 대학교에서 에밀리아니는 노벨상 수상자인 유리(Harold C. Urey)와 함께 지구 역사의 여러 근본 문제에 대한 지화학적 해답을 찾고자 연구하는 젊은 과학도 몇 사람을 만났다. 그중 하나인 엡스타인(Samuel Epstein)은 훗날 다음과 같이 회상했다. "내가 시카고 대학교에 도착했을 때, 그곳은 흥분으로 부글거리고 있었고 매일 매일 새로운 아이디어가 태어났다. 그곳에는 우리에게 영감을 주는 유리 외에도 리비(Willard Libby)나 페르미 (Enrico Fermi)와 같은 지적 스타들이 있었다." (리비는 훗날 노벨 화학상을 받았고, 페르미는 벌써 노벨 물리학상을 받은 사람이다.)

엡스타인은 유리가 1947년에 창안한 아이디어를 발전시키는 일을 돕고 있었다. 유리는 산소 동위원소를 이용하면 과거 해수의 온도를 알아낼 수 있다는 이론을 가지고 있었다. 해수에는 두 종류(동위원소)의 산소가 들어 있는 데 그중 한 동위원소(산소18)는 다른 것(산소16)보다 무겁다는 사실이 이 기법의 바탕이다. 탄산칼슘으로 된 해양생물의 골격에는 이 두 산소가 모두 들어 있다. 유리는 동물들이 해수에서 추출해가는 무거운 산소동위 원소의 양이 해수의 온도에 달려 있다는 이론을 제시했다. 차가운 해수에서는 무거운 동위원소가 동물 골격으로 더 많이 들어간다. 그래서 화석에 있는 산소18과 산소16의 동위원소 비를 측정하면 그 생물이 살던 해수의 온도를 계산해낼 수 있다는 것이 유리의 생각이다.

시카고 대학교의 연구자들은 유리의 방법을 이용하면 지구 역사에 대한 귀중한 통찰을 얻을 수 있다고 굳게 믿고 있었는데, 엡스타인과 에밀리아 니도 그 일원이었다. 그러나 이를 추구해나가려면 넘어야 할 두 개의 장애 물이 있었다. 첫 번째는 이론적인 문제인데, 동물 골격에 들어 있는 동위원소 비율은 해수의 온도에 좌우될 뿐만 아니라 해수 자체 내의 동위원소 비율에 좌우되기도 한다는 점이다. 후자의 비율이 변한다면 해수 온도를 정확하게 해석해낼 수가 없다. 유리와 동료들은 연구를 더해나가면 이 문제가 풀릴 것이라는 믿음을 가졌다. 후에 결국 이것은 과한 믿음으로 밝혀지지만 말이다. 두 번째 장벽은 기술적인 문제였는데, 극도로 정밀한 동위원소 자료를 얻어낼 수 있는 실험 기구와 방식을 개발하는 일이었다. 에밀리아니가 시카고에 올 당시 엡스타인과 그의 동료 붂스바움(Ralph Buchsbaum) 그리고 로벤스탐(Heinz Lowenstam)이 이 과업에 진력하고 있었다. 몇 년간의 작업 끝에 엡스타인 팀은 동위원소비를 매우 정밀하게 측정하는 실험법을 개발하는 데 성공했다. 이로써 유리의 온도측정법이 잠재력을 발휘할 수 있게 되었다.

유리는 이 새로운 지구화학 기술을 펼쳐나가는 데 있어서, 에밀리아니의 화석 지식이 도움이 될 것이라고 간파했다. 1950년 유리는 에밀리아니에게 유공충의 동위원소 조성을 연구하는 것이 재미있지 않겠냐고 물었다. 에밀리아니는 주저 없이 응했고, 바로 이것은 과거 지질시대를 향해 문을 열고 들어가는 일생일대의 기회가 되었다. 시카고 팀의 다른 과학자들은 오랜 지질시대의 화석에 이 "동위원소 온도계"를 이미 적용하고 있었다. 이에 대조되는 새로운 계획은 젊은 플라이스토세 퇴적층 내의 유공충 골격에 이 방법을 적용하는 것이었다. 1951년 에밀리아니는 캘리포니아에서 재취한 퇴석층 내의 저서성(低棲性) 유공충을 가지고 첫 측정을 시작했다. 그런데 페터슨(Hans Pettersson)이 알바트로스(*Albatross*)호 탐사를 통해 수집한 8개의 피스톤 코어를 받고 나서는 부유성(浮游性) 유공충이 더 유용하다는 판단이 났다. 곧이어 유잉(Ewing)이 라몬트 코어 몇 개를 사용하게 해주는 한편, 에릭슨(Ericson)이 자신의 고기후학적 방법을 증명해보려는 열망에서 연구에 사용했던 네 코어의 시료를 시카고로 부쳤다.

1955년 8월 에밀리아니는 심해 코어 8개의 분석을 마쳤다. 그는 연구결론을 "플라이스토세의 기온 (Pleistocene Temperatures)"이라는 제목으로[55] 지질학 저널 (*Journal of Geology*, 1955)에 발표했다. 이 논문은 빙하기 연구

••

55) 옮긴이 주석: 이것은 이 11장의 제목이기도 하다.

에서 하나의 이정표가 되었다. 에밀리아니는 카리브해와 적도 대서양에서 채취한 코어의 동위원소 변화가 지난 300,000년 동안 일곱 번의 완벽한 빙기-간빙기의 주기를 보인다는 결론을 제시했다. 또 전형적인 빙하기 동안에는 카리브해의 해수면 온도가 섭씨 6° 가량 떨어진 것으로 판명되었다 (그림 33). 끝으로 에밀리아니는 동위원소로 추정한 온도가 밀란코비치의 일조량 변화 곡선과 시간적으로 잘 일치한다고 지적하면서, 자신의 연구 결과는 빙하기 기원에 대한 천문 이론을 지지한다고 결론지었다.

이 논문을 발표한 에밀리아니는 세 가지 논란에 휩싸이게 되었다. 첫째는 에릭슨과의 문제였다. 동위원소비의 변화가 진정으로 온도의 변화를 반영하는가? 에릭슨의 메나르디(menardii) 변화가 기후 변화 역사를 더 정확하게 반영하지 않을까? 둘째로 에밀리아니의 시간 잣대의 정확성에 대해 브뢰커와 에릭슨이 의문을 제기했다. 마지막 세 번째 논란은 밀란코비치 이론을 거부해온 다수의 지질학자들로부터 나왔다. 이들은 에밀리아니의 동위원소 곡선과 밀란코비치의 일조량 곡선이 마치 일치하는 것처럼 보이는데 이는 우연일 뿐이라는 것이다.

여러 면으로 보아, 위 논란 가운데 첫 번째가 가장 핵심을 이룬다. 에릭슨이 옳고, 동위원소비의 변화가 온도 변화가 아닌 다른 요인 때문이라면, 나머지 두 논란은 결국 중요하지 않다. 1964년에 이르러 에릭슨-에밀리아니 논란을 풀어야 한다는 인식이 널리 확산되었다. 그리하여 컬럼비아 대학교의 브뢰커(Wallace Broecker)가 예일 대학교의 플린트(Richard F. Flint)와 투어키안(Karl Turekian)의 협력을 받아 미국 국립과학재단(National Science Foundation)을 설득해서 이 문제에 대한 토론회를 열었다. 목적은 에릭슨과 에밀리아니 두 사람을 소규모 전문가들 앞에 초청해서 각자의 생각과 연구자료를 발표하게 함으로써 논란을 풀려는 것이었다. 1965년 1월에 뉴욕 시의 아메리카나 호텔(Americana Hotel)과 컬럼비아 대학교의 라몬트 지질연구소 이 두 곳에서 토론회가 열렸다.

이 토론회에는 당시 컬럼비아 대학교 지질학 교수인 임브리(John Imbrie)가 참석하고 있었다. 임브리 교수는 10년 이상 저서생물 화석을 연구하며 그 지식을 먼 지질시대의 기후 해석에 활용해온 사람이다. 그는 요인분석(factor analysis)이라는 통계학적 방법을 쓰고 있었는데, 이는 여러 환경 자극이 동시적으로 작용할 때 해양생물들이 어떻게 반응했는지 고찰하는 유용한 방법이다.

오랫동안 고대해온 1965년의 에릭슨-에밀리아니 토론회는 결론을 내지 못했다. 한편으로, 에릭슨은 코어를 대(帶, zone)로 나누는 자신의 방법이 수백 개의 대서양 코어에 적용된다는 것을 보였고, 그가 사용한 기후의 지시자 메나르디(*menardii*)가 실제로 해양 온도의 변화에 민감하다는 것을 보여주었다. 덧붙여 그는 플라이스토세 해양에서 일어난 동위원소 성분의 변화는 너무나 작아 고(古)기온 해석에서 거의 작용하지 못한다고 에밀리아니의 가설을 비판했다. 에릭슨은 실제로 많은 동위원소 화학자들이 에밀리아니에 바로 반대되는 결론을 얻은 바 있다고 주장했다. 다시 말해서, 빙원이 가벼운 산소 동위원소를 고농도로 품고 있기에 빙하기 주기 정도의 긴 시간이 흘러야 해양에서 의미 있는 동위원소비의 변화가 일어난다는 것이다. 그러기에 에밀리아니가 측정한 동위원소 함량의 변화는 해양의 온도와 전혀 관계가 없고 지구 빙관(氷冠)의 부피 변화를 반영할 뿐이라는 것이다.

다른 한편으로, 에밀리아니는 에릭슨의 방법이 하나의 생물종에 매달려 있다고 비판하면서 (리츠(Louis Lidz)가 수집한) 산소 동위원소 연구 결과를 지지하는 자료들을 내놓았다. 리츠는 에밀리아니의 코어 2개에 들어 있는 많은 종류의 유공충 개체 수를 연구했는데 이들의 부침이 동위원소 곡선의 오르내림과 잘 대비된다는 것이다. 그리고 에밀리아니는 플라이스토세 빙관에 들어 있는 산소16의 양이 일부 지구화학자들이 생각하는 만큼 많지 않을 것이라면서 자신이 추정한 온도의 정확도를 믿는다고 재삼 주장했다.

임브리는 논쟁에 적극 참여하기보다는 관망하는 편이었지만, 온도 말고도 유공충의 변화에 영향을 미치는 요인이 또 있을 텐데 에릭슨과 에밀리아니 두 사람 모두 이를 무시하고 있는 것이라는 지적을 했다. 예를 들어 해수의 염도나 먹이의 공급량 등이 유공충의 개체 수에 작용할 수 있다는 것이다. 덧붙여 임브리는 유공충의 모든 종에 대해 통계학적 기법을 적용해보면 온도 변화 이외의 다른 환경적 요인을 분리해낼 수 있을 것이라고 제언했다. 회담이 끝나기도 전에 임브리는 자신이 이것을 해봐야겠다고 마음먹었다.

이에 대해 에릭슨이 기꺼이 조력과 조언에 나섰는데, 특별한 코어 하나를 임브리에게 추천했다. 이 코어는 (에릭슨과 올린이 메나르디 분석에 사용했던 것인데) 라몬트의 연구선 베마(Vema)호가 제12항해의 제122번째 장소에서 채취한 것이어서 V-12-122라는 이름을 가지고 있었다. 임브리는 컬럼비아 대학교 일반학부생 가운데 킵(Nilva Kipp)이라는 유능한 조수를 찾아냈다. 그는 에릭슨-에밀리아니 논란에 대해 인상 깊은 학기말 논문을 제출한 학생이었다. 이렇게 처음에는 컬럼비아 대학교에서 그 다음은 브라운 대학교(Brown University)에서 3년을 함께 연구하며 임브리와 킵은 25개종의 부유성 유공충을 망라하여 개체 수를 따지는 다중요인 분석법(multiple-factor method)으로 기후를 고찰했다. 여러 면에서 보아, 그들이 시행한 방법은 1935년에 쇼트(Wolfgang Schott)가 사용한 기법을 전산화하여 확장시킨 것이다. 쇼트가 선택한 첫 작업은 여러 장의 지도위에 현생 유공충 각 종(species)의 분포를 그리는 것이었다. 임브리와 킵은 우선 이 절차를 따랐다. 그리고는 해저 저서 종들의 다양성과 표층수의 여러 특성 간의 관계를 방정식으로 표현했다. 이 특성에는 여름과 겨울의 온도와 염도 등이 포함된다. 그들은 이 방정식을 이용하여 현 해저에 퇴적된 코어의 상층부로부터 아래쪽으로 과거 여름과 겨울의 수온과 염도를 계산해 내려 갔다.

1969년 여름이 되자 임브리와 킵은 자신들의 다중요인 분석이 믿을 만한 결과를 내고 있다는 자신감을 갖게 되었다. 그러는 사이에 브뢰커 (Broecker)와 판 동크(Jan van Donk)가 같은 코어(V-12-122)에 대해 동위원 소 분석을 실시한 결과가 발표되었다. 그래서 이것을 에릭슨, 에밀리아니, 그리고 임브리와 킵, 각각의 방법에 따른 연구 결과들과 비교할 수 있게 되었는데, 임브리와 킵은 이러한 비교를 통해 에릭슨은 틀렸고 에밀리아니 는 절반만 맞췄다는 확신을 갖게 되었다. 동위원소와 다중요인 분석 모두 는 에릭슨이 저온대로 분류한 곳에 대해 온난대라는 결과를 냈다. 대서양 심해에서 글로보로탈리아 메나르디(Globorotalia menardii)가 주기적으로 나타나고 사라지는 것에는 표층수 온도 이외에도 다른 (그러나 다분히 표층 수 온도와 관련이 있는) 환경적 요인이 있는 것이 분명했다.

그런데 한 가지 근본적인 점에서 다중요인 분석의 결과가 에밀리아니의 결과에 그물처럼 맞아 들어가지 않았다. 임브리와 킵의 연구에 따르면 세 상이 빙하기로 들어갈 때 카리브해 표층수의 온도는 에밀리아니가 제시했 던 섭씨 6°가 아니라 2°밖에 내려가지 않았던 것이다. 다중요인 분석에 의 하면 카리브해 표층수에서의 염도 변화가 그 해역의 유공충 숫자에 영향 을 미쳤음이 나타났다. 에밀리아니는 리츠의 연구에 나타난 모든 유공충들의 개체 수 변화를 이와 같은 다른 영향을 무시하고 전부 온도 탓으로 돌리는 바람에 온도 변화를 너무 높게 잡게 된 것이다. 빙하기 동안 카리브해의 온도가 섭씨 2° 내려갔다는 임브리와 킵의 값이 옳다면 이제 중요한 결론이 도출된다. 즉, 동위원소 변화의 상당부분은 온도 변화가 아니라 빙원 얼음의 체적 변화[56]에 의한 것이다.

에밀리아니가 임브리를 1969년 9월 파리에서 개최된 국제 과학 모임에 연사로 초청했을 때, 임브리는 자신의 연구 결과를 발표할 열망에 부풀어 있었다. 그러나 그는 지각을 했고, 발표 시각은 금요일 4시로 조정되었다. 따뜻한 9월 오후의 파리에는 비록 열성적인 과학자라 할지라도 학회장을 벗어나고 싶을 정도의 기분전환거리가 많이 있다. 드디어 임브리가 발표할 차례가 되었는데 청중은 단 두 사람뿐이었다. 한 사람은 영어를 알아듣지 못했고, 다른 한 사람은 섀클턴(Nicholas Shackleton)이라고 하는 영국의 젊은 지구물리학자였는데 임브리가 잘 모르는 사람이었다. 섀클턴은 관찰된 동위원소 변화의 대부분이 지구 빙하의 체적 변화를 반영한다는 자료를 발표한 적이 있는 사람이었다.

발표 후 만남의 자리에서 임브리와 섀클턴 두 사람은 서로 독립적으로 행한 기후 역사 연구가 잠정적으로 서로 같은 결론에 도달했다는 것에 대해 기뻐했다. 보다 확실히 하려면 더 많은 코어를 연구해야 한다는 것을 그들은 알지만, 눈앞의 자료에 의하면 에밀리아니의 동위원소 곡선의 굴곡이 주로 빙원의 총 체적 변화를 반영하는 것으로 보였다.

그간 유리의 지구화학적 방법이 플라이스토세 해양의 온도를 제시해줄 것이라는 희망이 드높았던 터라, 에밀리아니 자신을 포함한 일부 과학자

..

56) 옮긴이 주석: 이에 따라 해수의 염분 농도의 변화가 일어남.

178

들에게는 이 연구 결과가 어쩌면 실망이었을 것이다. 그러나 파리의 이 두 사람은 동위원소 곡선이 전지구 빙원의 체적을 측정하는 도구로 확고하게 자리 잡게 된다면 그 가치가 더욱 높아진다는 생각이었다. 결국 플라이스토세의 역사를 분석하는 데 있어서 시간에 따라 빙원의 크기가 어떻게 변해왔는지를 규명하는 것보다 더 유용한 일이 있겠는가? 이제 우리는 빙원의 체적을 알아낼 수 있는 동위원소 기법 그리고 해수의 온도를 알아낼 수 있는 다중요인 분석 기법을 가졌으니, 플라이스토세 빙하기의 원인에 대한 여러 가지 경쟁 이론들을 검증하는 길로 나설 수 있게 된 것이다.

12
밀란코비치 이론의 부활

1969년에 이르러 대다수 과학자들은 방사성탄소 연령의 증거가 밀란코비치 이론을 물리친 데 깊이 감화되어 이 이론이 이제 더 이상 빙하기 문제에서 경쟁력을 갖지 못한 것으로 여기게 되었다. 오직 소수의 과학자들만이 이 이론을 검증할 방법을 찾고 있었다. 이들 가운데 페어브리지(Rhodes W. Fairbridge)라는 지질학자가 있었는데 그는 과거의 해수면 변화에 대해 상세하게 연구한 사람이다. 페어브리지는 특히 호주 남해안을 따르며 나타나는 증거들에 감명을 받았는데, 거기에는 19개의 모래 등성이(砂丘)가 옛 해안선의 위치를 나타내면서 평행하게 달리고 있다. 이 모래 등성이들은 해수면이 지금보다 높았던 시절의 기록이다. 이 옛 해안들의 연령은 알길이 없지만, 그들 간격이 규칙적인 것은 해수면의 상승과 하강의 리듬이 규칙적이었다는 것을 강력하게 시사한다. 페어브리지는 해수면의 상승과 하강이 빙원의 해빙 및 전진에 따른다는 것을 알기에, 빙하기가 규칙적인 간격으로 도래했다고 생각했다. 그는 이것이 천문 이론을 강하게 뒷받침한다고 보았다. 그래서 그는 훗날 말했다. "밀란코비치의 메커니즘이 합리적이라는 생각이 내 머리를 스쳐갔다." "밀란코비치 이론의 바탕인 천문학적 주기는 호주 해안의 사구를 설명하는 데 대체적으로 잘 맞는 간격이다."

페어브리지의 논리는 그럴 듯했으나 그 근거가 순전히 정성적(定性的)이어서 그가 말하는 해수면 주기라는 것이 실제 얼마인지 알 수 없다는 비판이 나왔다. 이 주기가 지구 자전축이 기우는 41,000년 주기와 같은지, 세차운동의 22,000년 주기와 같은지, 아니면 이들과는 전혀 다른 주기인가? 해수면이 상승한 시기를 알아낼 방법이 있다면 밀란코비치 이론의 검증에 이용할 수 있을 텐데, 딱하게도 페어브리지가 연구한 사구들은 전부가 방사성탄소 연대측정법의 유효범위인 40,000년을 넘었다.

그런데 다른 한쪽에서는 연대측정의 제2혁명이 진척되고 있었다. 즉, 몇몇 실험실의 지구화학자들이 방사성탄소에 구속받지 않는 우라늄(U), 토륨(Th), 그리고 포타슘(K) 동위원소를 이용한 방사성 연대측정법을 개발하고 있었던 것이다. 결국 10개의 방법이 개발되었는데 각각의 정밀도는 연대측정 대상물질의 종류와 연령에 따라 달랐다. 예를 들자면 포타슘-아르곤(K-Ar)법은 모든 연령의 화산암에서 정확한 값을 낸다. 그런데 프로탁티늄(Pa)이라는 방사성 원소에 근거한 방법은 대략의 값만을 얻을 수 있고 150,000년보다 젊은 심해저 진흙에만 적용할 수 있다.

1956년에 로스앨러모스 과학연구소(Los Alamos Scientific Laboratory)의 반스(John W. Barnes)와 그의 공동연구자들은 150,000년 미만의 고대 산호초의 정확한 연령을 알아낼 수 있는 토륨법을 개발했다. 바로 이 방법이 과거 해수면 상승의 연대를 밝혀낼 가장 큰 잠재력을 가진 것이었고, 곧 밀란코비치 이론을 검증하는 결정적인 첫 시험에 활용됐다.

이 새로운 연대측정 혁명에서 앞서 나간 사람은 브뢰커(Wallace S. Broecker)였다. 브뢰커는 1952년에 대학원생으로 컬럼비아 대학교에 온 후 지질연대표를 개선하는 데 진력하고 있었다. 지구화학자로 훈련받은 그에게 주어진 첫 임무는 후기 플라이스토세의 여러 지질 사건에 방사성탄소 동위원소법을 적용하는 것이었다. 그는 약 11,000년 전 짧은 동안에 기후가 급변했다는 연구 결과를 지질학계에 내놓았다. 이 기후 변화로 당시의 미국 남서부 건조지역에서는 호수 수위가 내려가고 빙원이 후퇴했으며 해수면이 상승했다고 한다. 1960년대 초반에 이르러 브뢰커와 그의 학생들은 토륨법을 개선해서 방사성탄소법의 한계를 넘어 옛 해수면 변화의 연대를 측정할 수 있게 되었다.

1965년 8월에 브뢰커는 콜로라도 볼더(Boulder, Colorado)에서 열린 한 국제학회에서 해수면 변화 역사에 관한 당시까지의 지식을 종합하여 발표했다. 그는 그간 가변적이었던 지질연대표에 이제 확고한 몇 개의 점을 찍게 되었다고 말했다. 브뢰커와 그의 학생 터버(David Thurber)는 에니웨톡 환초(Eniwetok atoll), 그리고 플로리다 키즈(Florida Keys)와 바하마 군도(Bahama Islands)에 있는 산호초 화석의 연령을 측정한 연구 결과를 내놓았다. 이 값진 자료에 의하면 약 120,000년 전에는 해수면이 지금보다 약 6미터나 높았다고 한다. 한 시료에서는 약 80,000년 전에 또 다른 해수면 상승이 있었던 것으로 나왔다. 정확히 얼마나 솟았는지는 알 수 없다. 브뢰커의 도표에는 해수면이 높았던 시기가 세 번 나오는 데, 이는 현재, 80,000년 전, 그리고 120,000년 전이다. 이는 밀란코비치의 북위 65°에서의 일조량 곡선에 나오는 네 개의 최대치 가운데 세 개와 대체로 잘 맞아 떨어진다. 브뢰커는 이 연구 결과가 잠정적이라면서, 수년 내로 확정적인 결과가 나올 것이라고 확신했다.

브뢰커가 강연하던 해 봄, 브라운 대학교(Brown University)의 매튜스 (Robley K. Matthews) 교수는 카리브해 그레나다(Grenada)에 속한 한 자그마한 섬으로 향하는 비행기에 올라 있었다. 동승한 다른 승객들은 태양 볕 아래서 휴일을 즐길 기대에 들떠 있었지만, 매튜스에게 이 여행은 완전히 업무였다. 석회암 연구자인 그는 어떤 과정으로 석회암의 공극률이 높아져서 석유를 머금는 저유암이 되는지 알아내고 싶었다. 소문을 들은 즉, 그레나다의 석회암 노두가 이런 연구에 적합하다기에 매튜스는 그곳으로 가려는 것이다.

매튜스는 여행의 첫 밤을 중간에 있는 바베이도스(Barbados) 섬에서 보냈는데 운 좋게도 거기서 널리 노출된 석회암 노두를 볼 수 있었다. 그런데 그레나다를 첫눈에 보는 순간 그는 정보가 잘못되었음을 깨달았다. 섬은 화산암 덩어리였고 석회암은 거의 없었다. 비행기가 도착하는 즉시 그는 나가는 비행기표를 예약했다.

다시 바베이도스로 돌아온 매튜스는 섬 대부분이 단구(段丘)라는 것을 알게 됐다. 하늘에서 볼 때 섬은 마치 날아가는 거대한 층계처럼 보였다. 단구의 평평한 면에는 석회암의 노출이 빈약했지만, 경사진 면에서는 훌륭했다. 학교 강의 때문에 매튜스는 브라운 대학교로 돌아가야 했지만 적합한 야외연구 장소를 찾았다는 만족감으로 뿌듯했다.

그는 곧 바베이도스 단구의 성인에 대해 상당한 논란이 있다는 것을 알게 되었다. 한 이론은 이 섬이 바다로부터 주기적으로 솟아올랐다는 것인데, 섬이 솟아오를 때마다 기존의 산호들은 죽고 다음 세대의 것들이 보다 낮아진 해안선을 따라 자라났다고 한다. 다른 이론은 거대한 한 개의 산호 화석 더미가 파도의 작용으로 깎이어 이 섬 모양이 만들어졌다는 것인데, 섬이 솟는 동안 침식작용으로 점차 낮은 고도의 단구가 형성되었다는 것이다.

그래서 매튜스는 바베이도스의 단구가 증착에 의한 것이지 아니면 침식에 의한 것인지를 밝히기로 했다. 그해 여름 그는 메솔렐라(Kenneth Mesolella)라고 하는 대학원생과 함께 다시 바베이도스를 찾았다. 그들은 단구를 따라가며 옛 산호초의 노출 단면을 관찰했다. 어떤 곳에서는 나무 형태의 군집 산호인 아크로포라 팔마타(Acropora palmata)가 아직도 살았던 때의 모습 그대로 서 있었다. 거기서 겨우 몇 야드 떨어진 바다에는 같은 종의 산호 객체들이 이 화석 산호들처럼 천해 산호초를 이루고 있었다. 메솔렐라는 그해 여름이 끝날 때까지 섬의 모든 석회암 노두를 조사했다. 이를 통해 메솔렐라와 매튜스는 바베이도스 단구의 층서가 증착에 의해 이루어졌다는 확신을 갖게 되었다. 그리고 각 단구들은 산호가 자라던 옛 해수면을 의미한다는 것을 알아냈다.

브라운 대학교의 또 다른 교수 머치(Thomas A. Mutch)는 산호초의 층서 연구가 해수면의 변동사 규명에 유용하다는 의견을 냈다. 매튜스는 수직운동을 했지만 일게의 섬에서 그런 목적을 달성해내기는 쉽지 않으리라는 부정적 생각을 가졌다. 그래도 그는 브뢰커를 설득해서 단구 시료 몇 개에 대해 연령을 측정해달라고 부탁했다.

맨 먼저 어떤 산호초의 연령을 측정할 것인가? 매튜스는 제I 및 제III 단구에 있는 첫 번째와 세 번째 산호초를 시료로 보냈다. 브뢰커, 고다드(John Goddard) 그리고 대학원생인 터버(David Thurber)와 쿠(Teh-Lung Ku)가 작업에 들어갔다. 여름이 가기 전에 첫 측정 작업이 완료되었다. 두 산호초의 연령은 각각 80,000년과 125,999년 이었다. 브뢰커는 이 값이 전에 바하마와 플로리다의 산호초로 측정한 연령과 일치되어 만족해했다. 더욱이 밀란코비치가 이 연령대에서 딱 두 번의 최대 일조량 시기를 언급했는데 그것과 연대가 꽤나 잘 맞아떨어지는 것이 만족이었다.

그림 34 뉴기니(New Guinea)에 있는 산호초 단구(段丘). 후온 반도(Huon Peninsula)의 북쪽 해안을 따르며 보는 사진. 이 융기단구들은 플라이스토세(Pleistocene)의 산호초로 이루어졌다. 이러한 단구들의 연령을 처음 측정한 곳은 카리브(Caribbean) 바다 바베이도스(Barbados) 섬이었다. (블룸(A. Bloom) 제공.)

그런데 브라운 그룹이 이 두 단구 사이에 또 다른 단구가 있다고 알려주자 브뢰커의 자기만족은 뒤흔들리고 말았다. 곧 이 "중간 단구"의 시료가 왔는데 105,000년이라는 연령이 나왔다.

밀란코비치의 북위 65°의 일조량 곡선에는 105,000년이라는 최대치는 존재하지 않는다. 그래서 브뢰커는 다른 위도의 일조량 곡선을 검토하기 시작했다. 그는 곧 낮은 위도 곡선(특히 북위 45°)에 바베이도스에서 나온 세 값인 82,000년, 105,000년, 그리고 125,000년이 나타나 있다는 중요한 발견을 했다. 과거의 밀란코비치 이론 지지자들은 북위 65°의 일조량 곡선에만 관심을 집중해왔다. 이 65°위도의 커브는 지구 자전축 기울기의 영향을 강하게 받아서 최대값이 40,000년 주기로 배열된다. 그러나 저위도에서는 22,000년 주기를 가진 세차운동의 영향이 강해서 이 자전축 변화의 효과가 변조된다. 따라서 바베이도스 단구에서 나온 일련의 연령 결과들은 세차운동의 영향이 밀란코비치가 생각했던 것보다 더 중요하다는 사실을 알려주고 있는 것이다.

이 발견은 1968년에 발표됐는데, 몇 년 지나지 않아 뉴기니(New Guinea)와 하와이제도(Hawaiian Islands)에서 나온 다른 데이터들이 이것이 옳다는 것을 확인해주었다(그림 34). 그리하여 밀란코비치 이론의 전반적 부활이 뒤따랐다. 브뢰커, 매튜스, 메솔렐라는 세차운동 효과를 좀더 강조한다면 이 천문 이론으로써 82,000년, 105,000년 그리고 125,000년 전의 고 해수위를 설명할 수 있다고 했다(그림 35).

그러나 이렇게 밀란코비치 이론이 부활했다고 해서 자동적으로 확고한 믿음으로 자리잡은 것은 아니었다. 브뢰커와 매튜스 스스로도 말한 것처럼, 그들이 빌건한 세 단구의 연령과 최대 일조량 시기 세 개가 일치한 것은 우연일 수도 있다. 어쩌면 원인적인 연관이 존재하지 않을 수도 있다는 말이다. 주장에 박차를 가하기 위해서는 우연으로는 일어나기 힘든 좀더 긴 끈의 일치가 필요하다. 즉, 천문 이론을 검증하려는 지질학자들에게는 산호초에서 나온 토륨 연령보다 훨씬 긴 플라이스토세 사건의 지질연대표가 필요한 것이다.

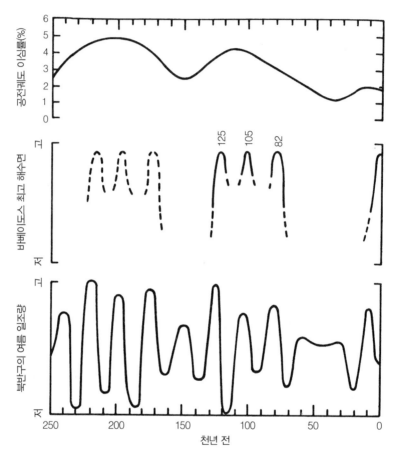

그림 35 바베이도스(Barbados) 해수면 변화와 천문 이론. 중간 그림의 실선은 해수면 상승이 정확하게 측정된 시기를 뜻한다. 점선은 연령이 확실하지 않은 시기. 해수면이 높았던 시기는 여름 일조량(summmer radiation)이 강하고 지구 공전궤도의 이심율(離心率, eccentricity)도 컸던 시기다. (메솔렐라 외(Mesolella, et al.), 1969에 의함.)

13
지구로부터의 신호

플라이스토세(Pleistocene)의 연대를 밝히는 열쇠는 지구 자기장(地球 磁氣場)을 연구하는 브룬(Bernard Brunhes)이라는 지구물리학자에 의해 1906년 프랑스의 한 벽돌공장에서 발견되었다. 브룬은 새로 구운 벽돌이 철 성분 광물입자의 역할로 인해, 식는 과정에서 미약하지만 지구 자기장 방향으로 자화(磁化)[57] 된다는 것을 알아냈다. 나아가서 그는 용암이 식을 때도 벽돌처럼 지구 자기장 방향으로 자화[58]된다는 것을 알아냈다. 이 발견은 지질학적으로 중요한 의미를 갖는다. 브룬이 내린 결론은 고기 용암류들이 지구 자기장의 변천 역사를 기억한다는 것이다.

∙∙

57) 옮긴이 주석: 물질이 자석처럼 N과 S의 극을 가지게 된다는 말이다.
58) 옮긴이 주석: 이렇게 물질에 남아 있는 지구 자기장의 기록을 잔류자기(殘留磁氣, remanent magnetization)라고 한다.

이러한 현상에 매료된 브룬은 여러 용암들의 자화 방향[59]을 측정하기 시작했다. 그런데 놀랍게도 어떤 용암들은 현재 지구 자기장과 반대되는 방향으로 역자화(逆磁化)되어 있었다. 이를 보고 그는 과거 어느 때는 지구 자기장이 뒤집혀져 있었다는 결론을 내렸다. 이 말은 지구 자기장이 역전(地球 磁氣場 逆轉, geomagnetic field reversal)됐던 시기에는 북쪽을 가리키던 나침이 빙글 돌아서 남쪽으로 향했다는 뜻이다. 브룬 시대 사람들 대부분은 그런 가능성을 믿으려 하지 않았다.

그러다가 약 20년의 세월이 흐른 뒤에 마츠야마(Motonori Matuyama) 라고 하는 일본 지구물리학자가 브룬이 옳다는 증거를 발견했다. 그는 일본과 한국의 용암층을 연구하고, 플라이스토세에 최소한 한 번의 지구 자기장 역전이 있었다는 결론을 얻었다. 플라이스토세 이전의 지질시대로 연구를 더욱 확대한 그는 지구 자기장의 역전이 여러 번 일어났다는 확신을 가지게 되었다. 마츠야마의 발견이 옳다면 이는 지사학(地史學)이라는 학문에 중요한 영향을 미치게 된다. 왜냐하면 자기장 역전의 사건은 모든 대륙의 용암에 동시적으로 기록될 것이고, 이는 오랫동안 지질학자들이 찾아왔던 것, 즉 멀리 떨어진 지층들을 서로 상세하게 대비(對比, correlation)[60]할 수 있는 훌륭한 수단이 되기 때문이다.

단 한 번의 역전도 그럴 법 하지 않은데, 수차례나 지구 자기장이 뒤집혔다는 것은 해괴하다. 그래서 마츠야마에게 돌아오는 반응은 매우 회의

••
59) 옮긴이 주석: '잔류자기 방향'과 같은 말이다.
60) 옮긴이 주석: 대비(對比, correlation)라는 말은 서로 떨어진 곳에서 나타나는 지층의 동일 여부를 살펴본다는 뜻의 지질학 용어다. 비교의 수단으로는 화석이나 암석의 종류나 특징, 동위원소 등의 화학조성적 특성, 암석의 잔류자기 방향 등 여러 방법이 이용된다. 이러한 지질학적 전문 분과를 층서학(層序學, stratigraphy)이라고 한다.

적이었다. 실제로 얼마 가지 않아서 지질학자들은 지구 자기장이 뒤집히는 극적인 일이 없어도 암석에 역자화가 생겨나는 것을 확인했다. 즉, 광물을 가열한 후 냉각시키는 실험을 시행하자 지구 자기장과 반대되는 방향으로 자화되는 것이 관찰되었다.[61] 실험실에서 이러한 자발역전(自發逆轉, self reversal)[62]이 일어났다는 것은 자연의 옛 용암에서도 가능하다는 것을 말한다. 그래서 상당수의 학자들은 지구 자기장 자체가 주기적으로 역전하는 것 보다는 암석의 자발역전이 더 납득된다고 여겼다.[63] 사실 용암 속에는 자발역전을 일으키는 광물이 드문데도 말이다.

그러던 중 1950년대 말부터 1960년대 초 사이에 러시아(크라모프(A. N. Khramov)), 아이슬란드(루텐(Martin G. Rutten)), 하와이(맥두걸(Ian Mcdougall))과 타알링(Donald H. Tarling))에서 연구하던 지구물리학자들이 결국 브룬과 마츠야마가 옳은 증거를 확인했다. 다시 말해서 그들은 자연에서 전세계적으로 간편하게 지층을 대비하는 수단을 발견한 것이다. 지구 자기장의 역전이 옳다는 최종적 증거는 1963년에 미국 지질조사소(U.S. Geological Survey)의 콕스(Allan Cox)와 도엘(Richard R. Doell) 그리고 캘리포니아 대학교 버클리 캠퍼스(University of California at Berkeley)의 달림

••

61) 옮긴이 주석: 일본 도쿄대학의 과학자들은 일본 하루나 화산에서 가져온 화산암을 실험실에서 가열 냉각했더니 이 암석에 현 지구 자기장과 반대가 되는 방향으로 자화가 일어났음(逆磁化, reversal)을 발견한 것이다.

62) 옮긴이 주석: 지구 자기장이 역전되지 않은 상황인데도 암석에 스스로 역자화가 생겨난 현상을 자발역전(自發逆轉, self reversal) 이라 한다. 이에 반하여, 지구 자기장이 역전된 연유로 암석이 역자화 되었다면 이는 자기장 역전(磁氣場 逆轉, field reversal)의 기록이다.

63) 옮긴이 주석: 당시 지구물리학계에서는 역자화를 보이는 암석의 잔류자기 성인에 대해 한동안 자발역전(自發逆轉, self reversal) 현상에 기인하느냐 아니면 암석 생성 당시에 지구 자기장이 역전(磁氣場 逆轉, field reversal)된 데 기인하느냐의 오랜 논쟁이 있었다. 결국 오늘날에는 후자가 옳은 것으로 판명되었다.

플(G. Brent Dalrymple)이 공동으로 제시했다. 이 세 사람은 앞선 과학자들의 개척적인 공로를 기리기 위해 후기 플라이스토세의 "정자극(normal polarity)"[64] 기간을 "브룬 기(Brunhes Epoch)" 그리고 그 이전의 "역자극(reversed polarity)" 기간을 "마츠야마 기(Matuyama Epoch)"라고 명명했다.

콕스와 공동연구자들은 암석의 역전기록이 전지구적으로 동시라는 것을 밝히면 지구 자기장의 역전 이론이 증명되는 것이라고 생각했다. 이에 반해서 자발역전은 전지구적으로 동시에 일어날 수 없다는 것이 그들의 생각이다. 전세계 용암이 동시적인 역전기록을 가지고 있다는 것을 보이기 위해 그들은 세계 여러 곳을 찾아 역전 경계를 가로지르는 시기에 분출한 용암 시료들을 채취하여 자화 방향과 연령을 측정했다. 연령측정 작업은 캘리포니아 대학교(University of California)의 커티스(Garniss H. Curtis)와 에번든(Jack F. Evernden) 팀이 포타슘-아르곤(K-Ar)법으로 수행했다. 이는 용암의 연대측정에 가장 적합한 기법이다. 그 결과, 자기장의 역전이 지구상 여러 곳에서 동시에 일어났다는 것을 확인했으며, 그 시기가 정확히 언제인지도 밝혀냈다. 이로써 오랜 숙원, 즉 플라이스토세 연대를 확실히 하는 기준점들이 확보된 것이다.

그리하여 이제 지질학자들은 지구 자기장의 역전 역사를 도표로 나타낼 수 있게 되었다(그림 36). 브룬기처럼 오늘날과 동일한 극성(極性, polarity)인 기간을 "정(正, normal)"자극기라고 부르며 까맣게 표시하고, 마츠야마

---

64) 옮긴이 주석: polarity란 지구 자기장의 극성(極性)을 말한다. 지구 자기장의 북극과 남극(즉, 磁極)이 지금과 같은 상태를 정자극(normal polarity)이라고 하며, 지금과는 반대로 북극과 남극이 뒤바뀐 상태를 역자극(reversed polarity)라고 한다. 브룬 기(Brunhes Epoch)라고 부르는 약 70만 년전부터 현재까지의 기간은 정자극기 이며 마츠야마 기(Matuyama Epoch)라고 부르는 그 이전의 기간은 역자극기 이다.

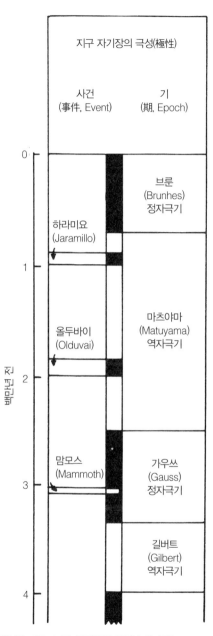

그림 36 지구 자기장 역전(逆轉)의 역사. 정자극(normal polarity)의 기(期, Epoch)와 사건(事件, Event)은 검게, 역자극(normal polarity)의 기와 사건은 하얗게 표시한다.

기처럼 오늘날과 반대의 극성을 가진 기간은 "역(逆, reversed)"자극기라고 부르며 하얗게 표시했다. 그런데 바로 곧 마츠야마 역자극기 동안에 두 번의 짧은 정자극 사건이 있었다는 것이 발견됐다. 그중 오래된 것을 올두바이 정자극 사건(Olduvai Normal Event)이라고 하는 데 이 명칭은 이를 처음 발견한 아프리카의 올두바이 계곡[65]의 이름에서 따온 것이다. 후의 것은 하라미요 정자극 사건(Jaramillo Normal Event)이라고 하는 데 이 명칭은 이것이 처음 발견된 뉴멕시코의 작은 강 이름에서 유래한다. 여러 차례 역전된 지구 자기장의 역사는 그림 36과 같이 전보의 모스 기호(Morse code)처럼 까맣고 하얀 띠로 표현한다. 플라이스토 빙하기의 비밀을 풀어내려는 지질학자들에게는 이 도표에서 두 시점이 매우 중요하다. 하나는 70만 년 전으로 측정된 브룬기/마츠야마기 경계[66]이며 다른 하나는 180만 년 전[67]으로 측정된 올두바이 정자극 사건이다.

그러면 심해저 시추 코어에서도 이러한 역전기록이 나타날까? 일찍이 1956년에 컬럼비아 대학교 라몬트(Lamont) 연구소[68]의 유잉(Maurice Ewing)과 탈와니(Manik Talwani)가 이를 검토하려 시도했다. 탈와니는 라몬트 연구소에 있는 해저 시추 코어 중 2개를 워싱턴 시의 카네기 연구소(Carnegie Institution in Washington, D.C.)로 가져갔고 그레이엄(John

• •

65) 옮긴이 주석: 탄자니아(Tanzania)의 올두바이 계곡(Olduvai George)은 인류의 역사가 최초로 시작된 지점으로 알려져 있다. 1959년 리키 부부(Drs. Mary and Louis Leaky)가 이곳에서 가장 오래된 인류의 두개골을 발견했다.
66) 옮긴이 주석: 원문은 "Brunhes-Matuyama"이나 보다 편이하게 표기한다는 생각에서 /을 사용하여 "브룬기/마츠야마기"로 했다. 이하 마찬가지 이다.
67) 옮긴이 주석: 그림 36에서 볼 수 있는 바와 같이 180만 년 전은 올두바이 정자극 사건의 끝이다.
68) 옮긴이 주석: 각주 18) 참조.

Graham)이라는 과학자가 이들의 자성(磁性)을 측정했다. "우리는 몇 개의 역전을 발견했다." 훗날 탈와니가 한 말이다. "그런데 그것이 조금 미심쩍었다." 문제는 코어가 아직 물러서 다루기 힘든 점이었다. 이런저런 시도를 해보다가 탈와니는 일을 그만두고 말았다.

10년이 지난 후, 스크립스 연구소(Scripps Institution)[69]의 두 지질학자 해리슨(Christopher G. A. Harrison)과 펀넬(Brian M. Funnell)이 두 개의 태평양 코어에서 브룬기/마츠야마기 경계를 발견했다는 소식이 들렸다. 이것이 자극이 되어 시추 코어에서 고자기학[70]적 신호(paleomagnetic signal)를 찾는 일이 다시금 시도되었다. 라몬트 과학자들은 이 발견을 확신하지 않으면서도, 해리슨과 펀넬이 옳기를 바랐다. 라몬트에는 전세계 해저에서 수집한 3,000개 이상의 긴 코어가 보관되어 있기 때문이다. 풍부한 기후 정보들이 그 안에 들어 있는 이 각 코어들은 자기장 역전의 연대표에 따라 시대별로 정리되기를 고대하고 있었다.

행운스럽게도 라몬트에는 업다이크(Neil D. Opdyke)라는 암석 자기학 전문가가 있었다. 업다이크는 주로 단단한 암석을 연구해왔는데 미고결 퇴적암을 측정하는 기기를 개발하고자 포스터(John Foster)라는 대학원생을 영입했다. 이어서 세 번째 멤버로 해저 퇴적물을 전문으로 하는 글래스(Billy Glass)가 대학원에 들어와서 업다이크와 포스터의 지식을 보완하는

:

69) 옮긴이 주석: 각주 35) 참조.
70) 옮긴이 주석: 암석의 잔류자기를 연구하는 학문을 고자기학(古磁氣學, paleomagnetism, palaeomagnetism)이라고 한다. 암석 잔류자기 연구의 목표가 원래 옛 지구 자기장의 상황을 파악하기 위한 것이었기에 이 학문을 고지자기학(古地磁氣學)이라고 부르기도 한다. 그러나 오늘날 암석의 자기 연구는 잔류자기 연구라는 한계를 넘어서 대자율이나 환경 지표를 고찰하는 등 상당한 영역 확대를 이루고 있다. 따라서 고지자기학보다는 고자기학이라는 용어가 더 합당하게 되었다.

역할을 했다. 이들 세 사람은 고위도 지역에서 채취한 코어를 연구하기로 했다. 고위도에서는 잔류자기의 복각(伏角, inclination)[71]이 커서 역전을 인지하기가 용이하기 때문이다. 또 그들은 해저 표면에서 퇴적물이 침식으로 제거되기도 하는 점을 유념하여, 고생물학적으로 이런 문제가 미리 검토된 코어를 선별하여 연구하기로 했다.

그들은 라몬트에서 남극 방산충(放散蟲, radiolaria, 바다 표면에 사는 작은 규질 생물) 전문가로 일하는 헤이즈(James D. Hays)에게 부탁하여 브룬기/마츠야마기 경계를 넘는 긴 시추 코어를 골라달라고 했다. 헤이즈는 오하이오 주립대학교(Ohio State University) 학부생 시절부터 남극에 매료됐는데, 그가 라몬트로 온 가장 큰 이유도 창고 가득 보관된 시추 코어를 가지고 남극해의 역사를 연구할 수 있겠다는 전망에서였다. 이러한 연구 방향에서 그가 우선적으로 한 일은 방산충대(radiolarian zones)를 상세히 기재하는 것이었다. 이 자료를 밑바탕으로 헤이즈는 고자기 연구(古磁氣研究, paleomagnetic analysis)에 적합한 코어를 쉽게 골라줄 수 있었다. 그가 만들어 놓은 방산충대는 고자기학적 대비를 돕는 수단이 될 것이다. 시료 분석을 시작하자 모든 코어에서 자기적(磁氣的) 신호가 뚜렷이 나타났다. 이를 본 네 과학자는 너무 기뻤다. 뿐만 아니라, 자기역전의 경계

∙∙

71) 옮긴이 주석: 자침의 중간에 실을 매달아 들고 있으면 자침은 수평을 벗어나 한쪽으로 기울어진다. 수평을 기준으로 이 기울어진 정도를 복각이라고 한다 (N극이 아래로 기울어지면 +, 위로 올라가면 −). 자침은 지구 자기장의 방향과 일치하게 정렬되는 것이기에 자침의 복각은 지구 자기장의 복각을 나타낸다. 지구 자기장의 복각은 위도에 따라 달라지는 데, 적도에서는 최소인 0°이고 북극과 남극 각각에서는 최대인 ±90°이다. 한편 암석이나 퇴적물 시추 코어의 잔류자기는 그 암석이 생성될 당시의 지구 자기장 방향을 기록하고 있는데, 해저 코어를 채취하는 과정에서 코어가 회전되어버리기 때문에 저위도 지역의 코어에서는 지구 자기장의 역전을 인지해내기가 어렵다. 반면 고위도 코어의 경우에는 코어의 극성(極性, polarity)이 상하(上向 혹은 下向)로 나타나기 때문에 역전의 인지가 용이하다.

를 가지고 코어들을 대비한 결과, 방산충대를 통한 헤이즈의 대비와 잘 일치되었다. 이렇게 해리슨과 펀넬의 연구 결과가 증명되면서 "고자기 혁명(paleomagnetic revolution)"이 시작되었다. 이처럼 시추 코어의 고자기 신호를 가지고 기후 사건에 연대를 매겨나가기 시작하자 라몬트 코어 창고는 진가를 발휘했다. 새롭게 코어를 시추할 필요도 없이 1966년과 1969년 동안 업다이크, 헤이즈, 에릭슨 등의 연구팀은 그간 개괄적이던 지질학적 기재를 연대가 매겨진 기후의 역사로 훌륭하게 바꿔놓았다.

우선 해결해야 할 문제는 플라이스토세의 길이가 얼마인가 하는 것이었다. 밀란코비치는 펭크(Penk)와 브뤼크너(Brückner)에 의거하여 플라이스토세의 길이를 65만 년으로 보았고 초기 계산을 여기에 집중했다. 밀란코비치가 세상을 떠난 후, 라몬트 연구소의 에릭슨과 그의 동료들은 플라이스토세가 대략 150만 년이라고 어림잡았다. 그러니 밀란코비치 이론을 확실하게 검증하려면 지질학자들은 플라이스토세가 언제 시작했는지 분명히 해야 했다.

이는 다음의 두 문제와 결부되어 있다. 플라이스토세의 시작을 정의하는 사건은 무엇인가? 또 그 사건은 언제 일어났나? 첫 번째 문제에 대해는 지난 한 세기 동안 몇 가지 답이 제시되었다. 우선 1839년에 라이엘(Charles Lyell)은 화석종의 90 내지 95 퍼센트가 현재에도 살고 있는 것이면 플라이스토세 지층으로 하자는 제안을 했다. 여기에 빙하기나 한랭 기후에 대한 언급은 없었다. 후에 포브스(Edward Forbes)는 한랭 기후의 증거를 가진 퇴적물을 플라이스토세로 한다는 기후학적 정의를 내놓았다. 그렇다면 얼마나 한랭해야 한단 말인가?

1948년에 한 국제 과학자 협회가 임의적이고 불명확한 플라이스토세 정의의 문제를 종결지었다. 이에 의하면 플라이스토세의 시작은 남부 이탈리아에 잘 노출된 퇴적층에서 냉수 종이 처음 나타나는 시점으로 한다는 것이다. 그런데 실제 이 정의를 사용하기는 상당히 어렵다. 예를 들어 태평양 코어를 연구하는 과학자가 어떻게 자신의 코어를 이탈리아의 정의된 부분과 대비해볼 수 있겠는가?

플라이스토세의 시작 시기를 밝히고 또 지층을 대비하는 문제는 고자기학적(古磁氣學的) 방법으로 해결되었다. 우즈 홀 해양연구소(Woods Hole Oceanographic Institution)[72]의 베르그렌(William A. Berggren)과 라몬트 연구소의 헤이즈(James D. Hays)는 냉수 종이 처음 나타나는 남부 이탈리아 지층의 연령이 올두바이 정자극 사건과 일치한다는 사실을 밝혀낸 것이다. 그리하여 지질학자들은 한 세기에 이르는 분투 끝에 드디어 플라이스토세가 180만 년 전에 시작했다고 말하게 되었다. 그리고 이제는 플라이스토세 내의 역전, 특히 70만 년 전에 시작한 브룬기를 이용하는 데까지 발전했다. 이로써 밀란코비치가 자신의 이론으로 설명하려 했던 부분을 포함한 플라이스토세 역사의 연대표가 만들어진 것이다.

..

72) 옮긴이 주석: 우즈 홀 해양연구소(WHOI)는 앞서 언급한 컬럼비아 대학교의 라몬트 연구소(Lamont-Doherty Earth Observatory) 그리고 캘리포니아 대학교의 스크립스 연구소(Scripps Institution of Oceanography)와 함께 미국을 대표하는 3대 해양연구기관이다. 우즈 홀 해양연구소는 메사추세츠 주에 위치한 비영리 사설 연구 및 교육기관으로서 미국 내 항공우주국(NASA), 해양대기국(NOAA), 지질조사소(USGS) 등의 유수 정부기관이나 MIT 등 여러 대학교는 물론 세계 여러 나라의 기관 및 대학교와 제휴하여 활발한 국제 협력 연구를 펼치고 있다.

14
기후의 맥박

브뢰커(Broecker)와 매튜스(Matthews)가 해수면 변동 역사를 연구하고, 헤이즈(Hays)와 업다이크(Opdyke)가 고자기 연대표를 만들고 있을 때, 체코슬로바키아(Czechoslovakia)에서는 쿠클라(George Kukla)라는 지질학자가 브루노(Bruno) 근처의 채석장에서 열심히 구덩이를 파고 있었다. 레드 힐(Red Hill)이라는 이곳 채석장 부근에는 바람에 불려온 잔모래(뢰쓰, loess)로 벽돌을 만드는 공장들이 많았다. 쿠클라는 구덩이 벽면을 살펴면서 뢰쓰층 및 그 사이사이 토양층에 쌓인 역사 기록을 읽어갔다.

쿠클라가 뢰쓰에 관심을 갖기 시작한 것은 체코슬로바키아의 동굴에 매료되면서부터였다. 동굴에는 플라이스토세 빙하기동안 바람에 불려든 얇은 뢰쓰층이 쌓여 있는데 거기서 네안데르탈(Neanderthal)인을 위시한 석기시대의 사람 뼈가 나왔다. 뢰쓰층을 동굴 밖까지 추적해서 인근 언덕의 두꺼운 퇴적층과 대비(對比)하면 인류가 사용하던 유물들의 고고학적 연대가 만들어졌다.

스칸디나비아와 알프스를 중심으로 퍼져나갔던 빙하는 레드 힐까지 이르지는 못했으나 이곳의 기후를 상당히 변화시켜놓았다. 일찍이 1961년에 쿠클라와 그의 동료 로젝(Vojen Ložek)은 빙하가 덮치지 않았던 체코슬로바키아나 오스트리아가 왜 플라이스토세 기후 변동을 잘 기록한 이상적 위치였는지를 설명한 바 있다. 빙원(氷原)이 커지면 중부 유럽은 극지 사막으로 변해 나무가 자랄 수 없도록 건조해지고 거센 바람이 휘몰아치면서 뢰쓰가 퇴적되었다. 그러나 빙원이 작아지면 체코슬로바키아는 오늘날보다 더 온난 다습해지고 잎 넓은 나무들이 삼림을 이루어 비옥한 토양이 생성되었다. 이러한 온대기후 환경에서 석기시대 인간들이 생활했다. 다시 말해 스칸디나비아나 알프스의 빙원이 확장 또는 축소되면 초원과 삼림간의 경계선이 빙하 없는 중부 유럽을 가로지르며 오르락내리락 했던 것이다.

자기 연대표(magnetic time scale)[73]라는 것을 알기 오래 전부터 체코슬로바키아 지질학자들은 브루노 지역에서만도 최소 10차례의 뢰쓰-토양 순환이 있었음을 밝혀냈다. 그러나 각 주기의 길이는 알 수 없었다. 1968년에 체코슬로바키아 과학원(Czechoslovakian Academy of Science)의 쿠클라와 그의 동료들은 벽돌공장으로 다시 돌아와 뢰쓰와 토양의 각 층을 연구하고 5차례의 자기역전을 찾아냈다. 그때는 자기 연대표가 이미 만들어진 터라, 쉽게 뢰쓰-토양의 평균 순환주기를 계산해낼 수 있었다. 그 결과 후기 플라이스토세의 기후 변화는 100,000년을 주 주기로 하는 규칙적 박동을 보이는 것으로 밝혀졌다.

지난 10여 년간의 연구에 따르면 이 퇴적 주기는 토양(layer 1)과 뢰쓰

73) 옮긴이 주석: 이를 고자기 연대표(paleomagnetic time scale)라고도 한다.

(layer 2)로 된 단순한 대칭적 반복(1-2-1-2)이 아님이 밝혀졌다. 그 실체는 세 종류의 토양층(1, 2, 3)과 뢰쓰(4)로 구성된 4중 주기가 톱날 모양을 이루는 비대칭적 층서(1-2-3-4-1-2-3-4)였다. 이 층서에서 첫 번째 토양층은 온난 다습한 기후에 형성되었다. 두 번째 토양층은 흑색층인데, 현재 아시아 스텝(Steppe)의 습윤한 곳에서 형성되는 것과 같으며 삼림에서 생성된 제1토양의 경우보다 약간 춥고 건조한 기후를 지시하는 화석들을 함유한다. 그 위를 덮는 세 번째 토양층은 갈색층인데, 오늘날 극권의 따뜻한 곳에서 전형적으로 나타나는 것과 같다. 이 세 번째 토양층에 들어 있는 화석은 스텝보다 춥고 건조한 기후를 지시한다. 그 상위이자 네 번째 층은 뢰쓰로서 보다 춥고 건조한 기후를 지시한다.

이상의 관찰을 토대로 쿠클라는 한 기후 주기 내에서 추운 기간이 따뜻한 기간보다 훨씬 길다는 중요한 결론을 내렸다. 또 먼지바람 부는 극지 사막 기후로부터 낙엽성 삼림 기후로의 전환은 급격했던 탓에 채석장 벽에 가느다란 선으로 나타날 뿐이었다. 쿠클라는 이 선을 "표식선(marklines)"이라고 불렀다. 이 선은 퇴적 사이클을 구분할 때, 그리고 서로 멀리 떨어진 지역 간의 주기 대비에 유용하다(그림 37).

중부 유럽에서 규칙적으로 맥동했던 기후 변화의 역사를 알아낸 쿠클라는 이제 알프스의 단구지형으로 관심을 돌렸다. 앞서 기술한 바와 같이 펭크(Penck)와 브뤼크너(Brückner)는 이곳 단구지형을 연구하여 플라이토세의 기후 변화가 불규칙했고 귄츠(Günz), 민델(Mindel), 리쓰(Riss), 뷔름(Würm)으로 명명한 자갈층으로 특징된다고 했다. 쿠클라는 알프스에 단구가 있다는 사실을 부정하지 않았다. 문제가 되는 것은 이에 대한 펭크의 기후학적 해석이었다. 펭크는 자갈층이 오로지 빙하기에만 형성된다고 보았다. 그런데 쿠클라는 곧바로 "간빙기에도 자갈층이 쌓였음을 멋들어

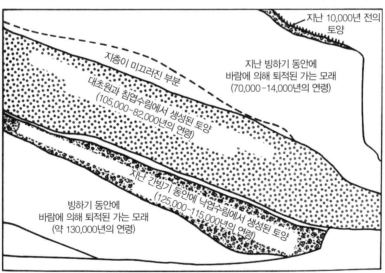

지난 10,000년 전의 토양

지층이 미끄러진 부분

지난 빙하기 동안에 바람에 의해 퇴적된 가는 모래 (70,000~14,000년의 연령)

대초원과 침엽수림에서 생성된 토양 (105,000~82,000년의 연령)

지난 간빙기 동안에 낙엽수림에서 생성된 토양 (125,000~115,000년의 연령)

빙하기 동안에 바람에 의해 퇴적된 가는 모래 (약 130,000년의 연령)

그림 37 체코슬로바키아(Czechoslovakia)의 한 벽돌공장에 기록된 기후 변화의 역사. 노베 메스토 (Nové Město)라는 곳의 한 채석장에는 지난 130,000년 동안의 기후 변화가 토양층 그리고 바람에 불려 쌓인 가는 모래층(뢰쓰, losses)의 연속으로 기록돼 있다. (쿠클라(G. J. Kukla) 제공.)

지게 보여주는" 증거들을 발견했다. 이 가능성은 수년 전에 독일의 지질학자 새퍼(Ingo Schaefer)가 제기했던 것인데 이제 그것이 증명된 것이다. 예를 들면 울름(Ulm)[74]의 저위 단구에는 뷔름(Würm) 빙하기의 것으로 분류된 자갈층이 있는데, 거기서 빙하기보다 젊은 방사성탄소 연령을 가진 통나무가 나왔다. 그리고 비엔나(Vienna) 인근에서는 뷔름기로 구분된 자갈층에서 로마시대의 벽돌이 나왔다. 다음은 쿠클라의 글이다.

> 펭크는 단구의 간빙기층을 알프스 단구 모두에서 나타나는 전반적 현상으로 보지 않고 국지적 이상이라는 권위주위적 해석을 했다. … 예를 들어 오스트라바(Ostrava) 근처에 있는 저위 단구의 자갈층은 사실이 그렇듯 오랫동안 뷔름기의 것으로 알려져 왔다. 그런데 체코의 유명한 제4기 층서 학자 티라첵(Tyráček)이 이 자갈층에서 녹슨 자전거 조향막대를 발굴해내자 바로 그 층위는 지도에 홀로세 충적층으로 새로 표시되었다. … 그런데도 논리적 결론은 피한 체, 정의상 이 저위 단구의 자갈층은 뷔름 자갈층이라는 것이다. 거기에 자전거가 들어 있건, 로마 벽돌이 들어 있건 간에 말이다.

뷔름으로 분류된 많은 자갈층들은 사실상 빙하기 이후에 퇴적된 것이다.

1969년에 이르자 펭크와 브뤼크너가 수립하고 에벨이 확장했으며 또 지질학자들이 한 세대 동안 채택해왔던 알프스 단구에 입각한 기후 변화 체계가 송두리째 사상누각(砂上樓閣), 아니 차라리 굴러가는 자갈 위의 역상

••

74) 옮긴이 주석: 독일 남부 뮌헨(München) 근처의 도시.

누각(礫上樓閣)이라는 것이 명백해지고 말았다. 이처럼 누각이 붕괴하자 이를 기반으로 밀란코비치의 이론을 인증했던 쾨펜과 베게너의 주장도 함께 무너지고 말았다.

유럽에서 쿠클라가 펭크와 브뤼크너가 세운 기후체계를 붕괴시키고 있을 때, 라몬트의 판 동크(Jan van Donk)는 카리브 코어 V-12-122에 들어 있는 유공충의 동위원소 분석을 마무리해가고 있었다(그림 38). 판 동크는 브뢰커(Broecker)와 함께 지질연대표를 개선하려는 참이었다. 코어가 브룬기 바닥까지 미치지 못해서 직접 자기연대표를 적용할 수는 없었으나 이 코어에 U/V 경계가 들어 있었다. 이 경계의 연령에 대해는 에릭슨이 최후의 자기역전 기록이 있는 긴 코어에서 내삽으로 400,000년이라고 계산한 바 있다. 이는 우라늄법과 토륨법에 의한 다소 넓은 연령의 중간 위치에 해당하는 값이다. 브뢰커와 판 동크는 이 연령을 연대편찬의 주춧돌로 삼아 방사성 동위원소에 의한 주 주기가 100,000년이라고 결론을 내렸다. 아울러 그들은 이 주 기후 사이클이 비대칭 톱날모양이라고 지적했다. "평균 약 100,000년 동안의 긴 빙하 팽창 기간은 빠른 해빙으로 갑자기 끝이 난다." 이렇게 급격히 따뜻해지는 사건을 그들은 빙하기의 "종말(termination)"이라고 이름 붙였다.

브뢰커와 쿠클라는 1969년 9월 파리에서 열린 국제학회에서 만났는데, 각기 다른 연구 방법이었지만 다음과 같이 여러 면에서 서로 같은 결론을 내고 있다는 것을 알게 되었다. 즉, 플라이스토세의 주 빙하기들은 100,000년 간격으로 일어났으며, 이들은 서서히 발전해나가다가 갑자기 끝났다. 체코슬로바키아 벽돌공장의 표식선(marklines)은 카리브해 코어에 나오는 빙하기의 종말에 해당한다.

브뢰커와 쿠클라가 플라이스토세 기후 변화의 주기를 논의하고 있을

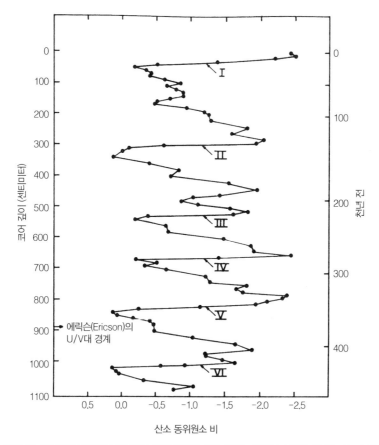

그림 38 100,000년 주기의 기후 변화. 여기 제시된 기후 변화는 카리브 심해저 코어(V-12-122)에 산소 동위원소 변화로 기록된 것이다. 개략의 연대표를 작성한 브뢰커와 판 동크는 기후 변화의 주 주기가 100,000년이라는 결론을 내렸다. 로마숫자로 표시한 것은 여섯 번의 급격한 해빙 시기인데 이를 종말(*termination*)이라고 부른다. (브뢰커(W.S. Broecker)와 판 동크(J. van Donk), 1970으로부터.)

때, 그리고 임브리(John Imbrie)와 섀클턴(Nicholas J. Shackleton)이 플라이스토세의 기온에 대한 견해를 나누고 있을 때, 라몬트 연구소에서는 루디먼(William Ruddiman)과 매킨타이어(Andrew McIntyre)가 해양의 역사를 연구하는 새로운 방법을 개발하기 위해 진력하고 있었다. 이는 남-북선을 따라 채취한 코어들을 선별한 후 온도에 민감한 생물종의 변화 양상을 기록함으로써, 걸프 해류(Gulf Stream)의 경로 변화를 추적하려는 것이다. 간빙기 동안 걸프 해류는 해터라스 곶(Cape Hatteras)에서 북동쪽으로 그레이트 브리튼(Great Britain)을 향해 대서양을 횡단했다. 그러나 빙하기에는 동쪽을 향해 스페인으로 흘렀다. 빙원이 커지거나 작아짐에 따라 삼림과 초원이 유럽과 아시아를 횡단하면서 후퇴 및 전진을 하는 동안, 걸프 해류는 해터라스 곶을 경첩으로 삼아 진동하는 문처럼 이리저리 방향을 바꾸는 것이다. 루디먼과 매킨타이어는 이렇게 해류가 "진동(swing)"하는 횟수를 헤아리고 이를 자기연대표에 맞추어 보았다. 그럼으로써 브룬기 동안 여덟 사이클의 기후 변화가 일어났다는 것을 알아냈다. 극지 빙원과 유럽의 삼림처럼 해류도 100,000년 주기의 맥동으로 움직였다.

1970년대 초에 이르러 이 100,000년 주기 기후 변동의 실체와 중요성이 명백해졌다. 그러나 이 주기의 원인이 무엇인지는 아직 확실치 않았다. 밀란코비치 이론에서도 이를 예측한 바 없었다. 대신 북위 65°선에서의 여름 일조량 변화의 주 주기가 지구자전축의 기울기 변화의 주기와 같은 41,000년이라는 자료는 있었다.

그러던 중 브라운 대학교의 메솔렐라(Kenneth Mesolella)와 체코의 쿠클라(George Kukla)는 밀란코비치 이론을 변형시켜 이 100,000년 주기를 설명하는 방법을 알아냈다. 이 두 사람은 지구 공전궤도 이심률(orbital eccentricity) 변화의 주 주기(100,000년 근처임)가 이 기후 변화의 주 주기와 잘 들어맞는 점을 지적하면서, 이심률 변화가 100,000년 기후 주기의 간접 원인이라고 했다. 또 그들은 한세기 전에 크롤(James Croll)이 주장했던 것처럼 어느 한 계절의 일조량 강도가 지구 세차운동 주기에 의해 크게 지배된다고 말했는데, 이 세차운동의 강도는 지구 공전궤도의 이심률 변화에 정확히 비례한다(그림 35). 공전궤도가 많이 찌그러져 있으면 계절 간의 기온차가 그만큼 커져서 평상시보다 추운 겨울이나 더운 여름이 되는 것이다. 그래서 어느 한 계절의 기온이 빙하의 발달과 쇠퇴에 결정적인 역할을 하는 것이며 따라서 기후 기록에 필연적으로 100,000년짜리 주기가 나타날 수밖에 없다는 것이다.

그런데 바로 여기서 두 사람의 의견이 갈렸다. 메솔렐라는 밀란코비치처럼 여름이 중요한 계절이라고 말했다. 반면 쿠클라는 겨울 동안 북반구 고위도에서 받는 일조량의 변화가 빙하기를 야기한다고 믿었다. 1967년에 쿠클라는 다음과 같이 강경한 표현을 했다. "만약 이 문제가 밝혀져 겨울이 중요하다고 입증되면, 우언히 여름을 꼽은 사례는 근래 제4기 연구에서 아마 가장 큰 실수로 취급될 것이다."

브뢰커와 판 동크는 이 100,000년 주기의 원인 문제에 간여하고 싶지 않았다. 최근 네 빙하기의 종말 시점은 공전궤도 이심률 곡선의 변곡점과 일치하기는 하지만, 더 오래된 두 빙하기의 경우에는 그렇지 않았다.

1969년에 이르러 자기연대표가 빙하기 역사 연구의 기반으로서 진가를 발휘하게 되었고, 이를 통해 기후 변화 맥동의 주 주기가 100,000년이라는 것이 밝혀졌다. 그런데 천문 이론을 뒷받침하는 데는 자기연대표가 아직 별다른 기여를 하지 못했다. 또한 역으로, 천문 이론이 이 100,000년의 주기를 예측하지 못한 점도 좀 당혹스러웠다. 그런데 이 100,000년 주기가 등장하자 쿠클라와 메솔렐라는 밀란코비치의 이론을 수정하면 이 주기가 나온다는 제안을 한 것이다.

　이러한 상황에서 당시 대부분의 과학자들은 이 100,000년 주기와 더불어 나오는 짧은 주기들도 밀란코비치의 예언과 일치해야 빙하기에 대한 천문 이론을 받아드릴 수 있겠다는 태도를 취했다. 다시 말해서, 짧은 주기들이 지구 자전축 기울기의 주기인 41,000년과 지구 세차운동의 주기인 22,000년에 들어맞아야 천문 이론을 인정할 수 있다는 것이다. 그런데 이러한 일치를 확인하려면 천문학 커브와 기후 변화 커브 모두가 이 두 주기가 나타날 만큼 정밀하고 또 평행해야 한다. 또 다시 말하지만, 빙하기에 대한 천문 이론의 검증 문제는 지질연대표의 정밀도 향상이라는 문제에 결부되어 있는 것이다.

15
빙하기의 조율자

　1970년 봄, 헤이즈(James D. Hays)는 이제 빙하기 문제를 다른 각도에서 섭근해야 할 때가 되었다고 판단했다. 지자기 역전을 이용해 플라이스토세 연대표 여러 곳의 시대가 확정되었고, 고생물학적 기법으로 해류를 추적하고 해수 온도를 결정할 수 있게 되어, 심해저 코어는 이제 지구 기후를 모니터링하는 수단으로 발전했다. 역사상 처음으로 이제 지질학자들은 빙하기 동안 언제, 그리고 어느 만큼 해양의 각 부분들이 변했는지 알아낼 수 있게 되었다. 그러니 브룬기의 연대표를 더 정밀하게 만들면 밀란코비치 이론도 확실하게 검증해볼 수 있을 것이다.

　그러나 5년간 남극해와 태평양 코어를 연구한 경험이 있는 헤이즈는 만족할 만한 수준으로 해양의 역사를 복원해내는 일은 어느 개인이나 하나의 연구기관으로써는 벅찬 과업이라는 것을 잘 아는 바였다. 그래서 고생물학자, 광물학자, 지구화학자, 그리고 지구물리학자로 구성된 팀이 꾸려

저야 한다. 헤이즈는 임브리(John Imbrie)와 컬럼비아 대학교 인근의 한 식당에서 점심을 함께하며 이러한 생각을 나눴다. 그는 필요한 각개 기술들이 이미 여러 실험실에서 가동되고 있다고 말했다. 지금 오직 필요한 것은 이 각개 연구팀들이 협업할 수 있게 조직화하는 것이다.

임브리는 다중요인 분석법(multiple-factor method)을 유공충 외의 다른 생물종에도 적용해볼 욕심에 헤이즈의 계획에 동참키로 했다. 임브리는 매킨타이어(Andrew McIntyre) 등의 과학자들이 유공충과 코코리스(cocolith, 해수면에 사는 미식물)를 이용해 빙하기 대서양 일부를 벌써 지도화 하고 있다고 말했다. 다중요인 분석법을 방산충이나 규조류에 적용하면 매킨타이어의 연구 결과를 고위도까지 연장시켜 전 해양의 지도를 만들 수 있는 것이다. 그러나 임브리는 그렇게 여러 연구소를 망라하는 프로젝트는 다루어내기 힘겨울 것이라는 우려를 표명했다. 헤이즈는 대답했다. "걱정하지 마세요. 우리에게 필요한 것은 오직 비행기 삯과 전화요금뿐이어요."

헤이즈의 긍정적인 생각은 옳았다. 1971년 5월 1일 그가 마음먹은 학문 분과와 연구소를 망라한 거대 프로젝트가 출범했다. 그 이름은 클리맵(CLIMAP)이었는데, 첫 번째 목표는 북태평양과 북대서양의 브룬기 동안의 역사를 복원하는 것이었다. 경제적인 지원은 과학재단의 국제해양탐사 10개년 계획(IDOE: International Decade of Ocean Exploration program)에서 나왔다. 1973년에는 사업이 확대되어 두 개의 목표를 가지게 되었다. 과거 빙하기 동안의 지구 표면을 조사하는 일, 그리고 플라이스토세의 기후 변화를 추적하는 일이 그것이었다.

처음에는 세 개의 연구기관이 이 국제해양탐사 10개년 계획(IDOE)을 대표했다. 컬럼비아(Columbia) 대학교의 라몬트-도허티 지질연구소(Lamont-Doherty Geological Observatory), 브라운(Brown) 대학교, 오리건 주립

(Oregon State) 대학교가 그것이다. 추진위원회는 헤이즈(James D. Hays), 임브리(John Imbrie), 매킨타이어(Andrew McIntyre), 무어(Ted C. Moore), 그리고 업다이크(Neil Opdyke)로 구성되었다. 후에 추가로 메인(Maine) 대학교와 프린스턴(Prinston) 대학교가 참여했고 추진위원회도 확대되어 덴튼(George Denton), 히스(Ross Heath), 프렐(Warren Prell), 그리고 허트슨(William Hutson)이 추가되었다. 라몬트의 연구원이 된 쿠클라(George Kukla)는 해양과 육상의 기후 기록을 대비하는 일을 맡았고, 새클턴(Nicholas Shackleton)과 판 동크(Jan van Donk)는 산소 동위원소 비율을 측정했으며, 매튜스(Robley K. Matthews)는 해수면의 변화 역사를 분석했다. 라몬트 연구소에 행정본부 사무실은 차렸고, 광범위한 활동을 조직화하는 업무는 클라인(Rose Marie Cline)이 맡았다. 결국 100명에 가까운 과학자들이 이 연구계획에 참여했는데, 그중에는 덴마크, 프랑스, 서독, 영국, 노르웨이, 스위스, 네덜란드 등에서 별도로 연구비를 지원받은 과학자들도 있었다. 1976년에 이 연구 그룹은 빙하가 절정이었던 18,000년 전의 해수 온도와 빙하 분포를 나타낸 세계지도를 발간했다. 1977년까지 소요된 금액은 모두 6,630,500 달러였다.

1971년 봄, 클리맵이 가장 시급하게 여기는 과제는 700,000년에 걸치는 브룬기를 층서대(層序帶)로 나누는 일이었다. 즉, 식별이 가능한 층들을 설정하고 이들을 코어 대 코어로 대비하는 일이다. 이렇게 층서체제가 확립되어야 침식으로 결손된 부분, 저탁류나 다른 국지적 기후기록의 교란, 등을 인지해낼 수 있다. 이러한 교란들이 인지되면 이 부분을 제외하거나 수정하게 된다. 1968년에 이미 에릭슨은 이러한 층서적 문제들을 거의 다 해결하고, 브룬기를 (Q에서 Z까지) 10개의 메나르디(*menardii*)대로 나눈 바 있다. 그런데 이 에릭슨대는 한 저위도 종의 존재 여부를 가지고 나눈 것이어서 적도 대서양이나 카리브해가 아니면 적용할 수 없었다. 클리맵이 필요로 하는 것은 모든 해양에 적용할 수 있는 층서체제였다.

그러한 층서체제를 만드는 과업은 사이토(Tsunemasa Saito), 버클(Lloyd Burckle), 베(Allan Bé) 등이 소속된 코어 예비조사 팀에게 돌아갔다. 이들은 에밀리아니의 산소 동위원소 커브가 목적 달성에 도움이 되리라는 희망을 가지고 있었다. 그런데 카리브해에서 채취한 에밀리아니의 긴 코어 P6304-9는 브룬기/마츠야마기의 경계를 통과하지 못했다. 그래서 에밀리아니가 산소 동위원소로 나눈 17개의 지층대는 브룬기 중간에 대롱대롱 매달려 있는 꼴이 되었다.

사이토와 동료들에게 필요한 것은 많은 유공충과 자기역전 기록을 한꺼번에 가진 긴 코어였다. 1971년 12월에 사이토는 한 코어(V28-238)를 찾아냈다. 그것은 라몬트의 과학자 래드(John Ladd)가 그해 초에 적도 태평양 서부의 얕은 바다에서 뚫어 올린 것이었다. 제일 아랫부분의 유공충 군집을 검토한 사이토는 코어 길이가 충분하다고 확신했다. 이 코어는 그간 찾아오던 중요한 열쇠(Rosetta Stone)로서, 클리맵 과학자들로 하여금 브룬기의 기후 역사를 규명하도록 해줄 것이라는 생각이 들었다. 코어를 자기적(磁氣的)으로 분석한 업다이크(Neil Opdyke)는 사이토의 생각이 옳다고 확인해주었다. 브룬기/마츠야마기 경계는 코어 맨 위로부터 12미터 아래에 있었다. 이 발견의 중요성을 인지한 헤이즈(Hays)는 즉시 이 V28-238 코어 시료들을 케임브리지(Cambridge) 대학교의 섀클턴(Nicholas Shackleton)에게 보내어 동위원소 분석을 부탁했다.

헤이즈는 몇 년 전 섀클턴을 만난 적이 있다. 그는 그때 이 젊은 영국인 지구물리학자가 벌써 실험실 테크닉을 개선해놓고 있어 감동을 받았다. 섀클턴은 1961년에 고드윈 경(Sir Harry Godwin)의 초빙으로 케임브리지

대학교 식물학과의 일원이 되었는데, 동위원소로 플라이스토세 화석을 연구하기 위해 곧장 질량분석기를 갖춘 것이다. 연구 초반부터 그는 해저생물 껍질에 들어 있는 동위원소의 함량 변화를 연구하는 것이 중요하다고 인지하고 있었다. 그런데 퇴적물에 들어 있는 저서 생물의 양이 너무 적어서 정확한 분석을 위해서는 시료의 양을 충분히 확보해야 하는데, 이는 어려운 일이었다. 그래서 섀클턴은 적은 개체 수로도 정확한 값을 내도록 기기를 개선해야 했다. 이 작업에는 10년이 소요되었다.

섀클턴은 1972년 6월 라몬트에서 열린 클리맵 모임에 V28-238 코어로부터 구한 2개의 동위원소 커브를 가지고 왔다. 하나는 천해성 플랑크톤 껍질의 동위원소 조성 변화를 보이는 것이었다. 코어는 아래쪽으로 자기장의 역전기까지 내려가고 있어서 클리맵의 층서적 과제를 풀어주리라는 기대를 주었다. 이 커브를 가지고 브룬기를 19개의 동위원소 기(isotopic stages)로 나눌 수 있었는데, 상부 17개는 에밀리아니가 카리브해의 긴 코어에서 구한 것과 정확히 일치했다. 나머지 2개는 층서를 브룬기 바닥 아래까지 연장시켜주었다(그림 39).

한편, 클리맵의 시급한 목표인 층서적 과제를 풀기 위해서는 동위원소 변화가 전지구적으로 동시에 일어났다는 것을 보여야 한다. 이러한 상황에서 섀클턴이 가져온 제2의 동위원소 커브를 살펴본 과학자들은 참으로 기뻐하지 않을 수 없었다. 왜냐하면 저서성 유공충의 동위원소 변화를 보이는 이 제2의 커브가 앞서 플랑크톤의 동위원소 커브와 꼭 같은 모양을 하고 있기 때문이다. 섀클턴이 지적한 바와 같이, 해저 바닥의 물은 항상 어는 온도 가까이에 머물러 있기 때문에 빙하기가 되어도 더 많이 차가워지지 않는데 말이다.[75] 그래서 섀클턴과 임브리가 3년 전에 파리에서 만났을 때부터 했던 생각처럼, 위 두 커브는 해수의 온도 변화를 표현하는

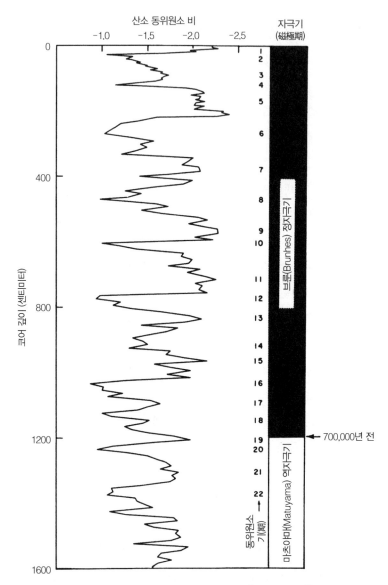

그림 39 플라이스토세 후기의 기후를 밝히는 "로제타 스톤(Rosetta Stone)".
1972년에 태평양 심해 코어(V28-238)를 가지고 섀클턴(N.J. Shackleton)과
업다이크(N.D. Opdyke)가 각각 동위원소와 잔류자기를 측정한 결과. 이로
부터 제19 동위원소 기(isotopic stages)가 브룬/마츠야마 기의 경계와 일치
한다는 것을 알게 되었고, 그 결과 정확한 후기 플라이스토세의 기후 연대표가
처음으로 만들어졌다.

것이 아니고 해수에 들어있는 가벼운 산소 동위원소의 함량 변화를 표현하고 있는 것이다. 결국 에밀리아니의 커브는 옛 빙하가 보내온 화학적 메시지였던 것이다. 해수는 조류에 의해 빨리 섞이기에, 해양 한 부분에서 화학적 변화가 일어나면 천년 내에 전 해양으로 확산된다. 빙하가 성장하면 가벼운 산소 동위원소가 해수에서 추출되어 빙하에 저장되고, 빙하가 녹으면 거기에 들어 있던 동위원소가 다시 해양으로 흘러들어 해수의 동위원소비는 원상태로 돌아간다. 이에 반해 국지적으로 변하는 온도 효과는 너무 작아서 감지해내기가 어렵다.

샤클턴과 업다이크의 연구 결과는 층서적 문제를 해결했을 뿐만 아니라, 클리맵 과학자들에게 플라이스토세 후기 여러 사건들의 정확한 연대를 제공했다. 즉 샤클턴의 19개 동위원소 기(isotopic stages)가 들어 있는 부분의 연령이 위로는 방사성탄소법에 의해 아래로는 자기학적 방법에 의해 확실해졌고, 중간 여러 기의 연령은 700,000년 길이의 브룬기 내에서 비례적으로 내삽하면 되는 것이다.

동위원소 커브의 시간척(時間尺)이 결정되었으므로 이제 샤클턴은 동위원소 커브에 나타난 보다 작은 변화들이 밀란코비치의 예언과 일치하는지 알아보고 싶었다. 기후 변화에 대한 천문 이론이 옳다면 커브상의 작은 변화는 지구 자전축의 기울기 변화와 세차운동을 반영하므로 100,000년의 큰 주기에 겹쳐서 41,000년과 22,000년의 작은 주기로 나타나야 한다. 그런데 100,000년의 큰 주기가 압도하고 있어서 작은 주기를 알아내는 것은 어려운 일이었다.

:.

75) 옮긴이 주석: 그래서 (저서 유공충에 의한) 심층수의 온도와 (플랑크톤에 의한) 표층수의 온도가 다르고, 그에 따라 동위원소 커브도 다르게 나타날 텐데 말이다.

보다 6년 앞선 1966년에 반 덴 호이벨(E. P. J. van den Heuvel)이라는 네덜란드 과학자가 이러한 문제를 통계학적으로 풀어낸 바 있다. 이는 스펙트럼 분석(spectral analysis)이라는 기법인데, 그는 에밀리아니의 동위원소 곡선이 현저한 40,000년의 주기 그리고 보다 덜 뚜렷한 13,000년의 주기를 보인다고 했다. 이 방법은 음악가들이 음악코드를 구성음표로 분해하는 것과 같다. 동위원소 "코드"를 각기 주파수가 다른 수많은 "음표"로 분리한 후에 이들 각각의 중요도를 스펙트럼이라는 그래프로 나타내는 것이다. 이 그래프에서 40,000년 주기가 현저하게 부각되었다. 그래서 외견상 이 주기가 기후 변화를 주로 지배하는 주기인 것으로 보였다.

임브리는 섀클턴과 이 스펙트럼 분석법에 대해 이야기하면서, 이것이 밀란코비치 이론을 검증하는 이상적인 방법이기는 하지만 막상 반 덴 호이벨이 지금은 쓰지 않는 연대를 집어넣어 결과가 잘못 나온 것이라고 지적했다. 만약 클리맵 연대표를 사용해서 다시 해본다면 지배 주기가 100,000년으로 나오리라는 것이다. 또한 임브리와 섀클턴은 반 덴 호이벨이 구한 작은 주기들을 신뢰하지 않았다. 그래서 그들은 V28-238 코어의 동위원소 커브를 가지고 직접 스펙트럼 분석을 해보기로 했다.

임브리는 스펙트럼 분석을 해본 바가 있어 브라운 대학교에 컴퓨터 프로그램을 가지고 있었다. 임브리와 섀클턴은 그곳에서 첫 통계 실험을 실시했다. 결과는 밀란코비치 이론을 지지하는 쪽으로 나왔다. 예상대로 100,000년 주기가 스펙트럼의 주 꼭짓점을 이루는 한편, 약 40,000년과 20,000년 주기를 뜻하는 2개의 작은 꼭짓점도 나왔다. 이 꼭짓점들은 너무 작아서 우연으로 볼 수도 있겠지만, 그 값이 밀란코비치가 예측한 자전축 기울기의 주기 그리고 세차운동의 주기와 거의 일치한다는 것은 시사적이었다.

시사적이기는 해도 확신적인 것은 아니다. 기후 변화 곡선에서 고주파 성분을 찾아내는 일이 왜 이렇게 어려운 것인가? 1972년 가을 헤이즈는 이 문제를 되살피며 이유를 찾아보았다. 다음이 그가 얻은 답이다. 지금까지 스펙트럼 분석법에 사용한 코어시료들은 너무 천천히 퇴적한 것이다. 태평양이나 카리브해에서처럼 퇴적율이 한 세기당 1-2밀리미터 정도로 느리면, 해저에 구멍을 파며 사는 동물들의 활동으로 고주파의 기록이 흐트러진다는 것이 헤이즈의 결론이었다. 그러므로 밀란코비치 이론을 제대로 검증하려면 퇴적율이 세기당 2밀리미터 이상인 교란되지 않은 코어시료를 분석해야 한다.

헤이즈와 클리맵 동료들은 빙하기의 해도를 만드는 과업의 일환으로 작업 가능한 코어들을 전부 조사해놓은 바 있다. 잠시 생각에 잠겼던 헤이즈는 이들 가운데 특별한 코어를 찾아내기로 했다. 그것은 충분히 높은 퇴적율을 가진 것이어야 한다. 그것은 남반구 고위도의 코어이다. 또 유공충과 방산충 모두를 가져야 한다. 이런 코어기 북반구 고이들보다 더 많은 정보를 제공할 것이라는 것이 헤이즈의 생각이었다. 유공충 껍질의 동위원소 성분의 변화는 북반구의 빙하 성쇠를 기록하고 있을 것이다. 왜냐하면 바닷물의 동위원소 함량에 영향을 미치는 빙하의 확대와 축소가 거의 대부분 북반구에서 일어나기 때문이다. 동시에 다중요인 분석을 통해 방산충 개체수의 변화를 규명하면 남반구 코어 채취 지점에서의 해수 온도 변화의 역사를 알아낼 수 있다. 헤이즈는 이처럼 동위원소와 방산충의 두 신호를 비교하면 크롤이 처음 제기했던 질문에 대한 답을 내놓을 수 있으리라는 희망을 품었다. 즉, 남반구와 북반구에서 기후 변화가 동시에 일어났는가?

1973년 1월에 헤이즈는 이러한 조건에 맞는 코어 하나를 라몬트 창고에서 찾아냈다. 이는 바로 RC11-120 코어인데 6년 전에 딕슨(Geoffrey

Dickson)이 콘래드(*Robert Conrad*)호를 타고 인도양 남부에서 끌어올린 것이었다. 이 코어는 연구 목적에 부합될 만큼 퇴적율이 충분히 높아(한 세기당 3밀리미터) 만족스러웠다. 헤이즈는 방산충의 개체 수를 헤아린 후 동위원소를 분석하도록 섀클턴에게 보냈다. 데이터를 도시하자 크롤의 질문에 대한 답이 즉시 나왔다. 북반구와 남반구의 기후 변화가 본질적으로 동시에 발생했다는 것이다. 이것만으로도 노력의 결실을 얻은 셈이다. 그렇지만 헤이즈는 이 코어의 길이가 에밀리아니의 동위원소 기(isotopic stages) 제9기의 바닥인 300,000년까지에 그쳐서 실망스러웠다. 충분한 스펙트럼 분석을 하려면 최소한 400,000년까지 도달하는 코어가 필요했다.

라몬트라는 건초더미(창고)에는 필요한 바늘(코어)이 없다는 것을 알게 된 헤이즈는 다른 곳을 찾아보기로 했다. 6월에 그는 탤러해시(Tallahassee)에 있는 플로리다 주립대학교(Florida State University)를 찾아갔다. 거기에는 방대한 양의 남극 코어가 보관되어 있다. 거기서 헤이즈는 RC11-120 근처에서 채취한 코어를 찾기 시작했다. 곧 왓킨스(Norman Watkins)가 1971년에 엘타닌(*Eltanin*)호에서 채취한 코어 몇 개가 검색되었다. 헤이즈는 두 대학원생의 도움을 받으며 왓킨스의 코어를 열기 시작했다. 다음은 그의 회고담이다. "코어는 냉장실에 보관되어 있었는데 우리 모두는 외투를 입고도 추워서 벌벌 떨었다. 그러나 코어 E49-18을 열었을 때 우리는 즉시 떠는 것을 멈췄다. 즉각적으로 나는 멋들어진 물건을 찾아내고 말았구나 하고 느꼈다. 코어의 색띠(color-banding)가 V28-238[76] 코어의 섀클턴 산소동위원소 커브와 완벽하게 맞아떨어지는 것이었다." 한눈에 이 줄무늬는 450,000년 연령의 동위원소 제13기까지 나가는 것으로 보였다. 헤이

••
76) 옮긴이 주석: 원문에는 V23-238로 되어 있는데, 이는 V28-238의 오타일 것이다.

즈는 마침내 그가 원하는 바늘을 찾아낸 것이다.

헤이즈의 즉석 층서해석은 옳은 것으로 판명되었다. 코어 E49-18은 실제로 제13기까지 달했다. 아깝게도 코어 채취시 상부 3개의 동위원소기가 유실되었지만 동위원소 층서가 확립되어 있는 터라 이 부분은 인근의 RC11-120 코어의 정보로 보완할 수 있었다. 이 두 코어를 통해 450,000년 전까지에 이르는, 결손 없고 상세한 기후 변화 기록이 확보되었다. 퇴적율 또한 충분히 높아서 최저 10,000년까지의 짧은 주기도 보존되어 있었다.

방산충과 동위원소 자료를 도시했을 때, 헤이즈와 섀클턴 두 사람은 신이 났다. 이 인도양 코어의 동위원소 곡선은 에밀리아니가 다른 여러 코어로 확립한 제1기에서 제13기까지의 무늬와 전반적으로 일치했다. 그리고 이번 코어에서는 헤이즈가 기대했던 바대로 100,000년보다 짧은 고주파 주기가 명백하게 드러나고 있었다(그림 40). 헤이즈는 밀란코비치 이론을 결정적으로 검증할 기회가 왔음을 깨닫고 임브리에게 스펙트럼 분석을 요청했다.

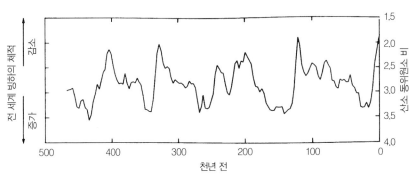

그림 40 지난 50만 년 동안의 기후. 클리맵(CLIMAP) 연구그룹이 인도양 코어 2개의 동위원소를 측정한 그래프. 이 그래프는 세계 빙하의 체적 변화를 반영하는데, 빙하기 원인에 대한 천문 이론을 인증하도록 이끌었다. (헤이즈 외 (J.D. Hays et al.), 1976의 자료.)

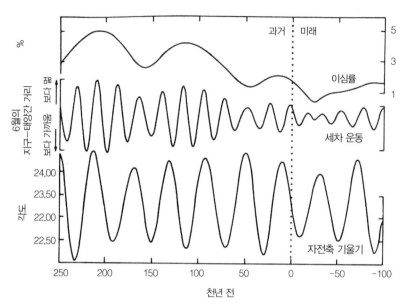

그림 41 지구 공전궤도의 이심률, 지구 자전축 기울기 및 지구 세차운동의 변화를 보이는 그림. 행성들의 운동으로 중력장이 변하고, 또 이로 인해 지구 궤도가 변한다. 과거와 미래에 대해 이 변화를 계산한 그림 이다. (베르제(A. Berger)의 자료.)

첫째 목표는 과거 450,000년 동안 지구 자전축 변화와 세차운동 각각의 주기가 과연 정확하게 얼마인지를 밝히는 것이었다(그림 41). 천문 이론을 검증하는 데 있어서 이 두 주기는 공전궤도의 이심률 변화 주기보다 더 중요하다. 밀란코비치 이론에서는 이들 두 주기의 예언이 불명확했다. 임브리는 최근에 메릴랜드 대학교(University of Maryland)의 버네카(Anandu D. Vernekar)가 천문학적 곡선을 새로 계산했다는 소식을 알고 있었다. 그는 이 새 계산 자료를 요청해서 통계학적으로 처리했다. 예상했던 대로 자전축 기울기의 주기는 41,000년으로 나왔다. 그런데 세차운동의 주기는 하나가 아닌 23,000년과 19,000년의 두 개로 나왔다. 계산 착오가 있었나 적정하면서 임브리는 벨기에의 천문학자 베르저(André Berger)에게 이를 보였다. 세차운동 계산에 사용한 삼각함수 공식을 검토한 베르저는 임브리가 얻은 두 개의 주기가 통계적으로 잘못되지 않았다고 말했다. 그는 세차운동에 따른 지구-태양 간의 거리 변화가 실제 23,000년과 19,000년의 두 주기로 일어난다고 했다.

베르저의 인증으로 수레바퀴는 돌아가기 시작했다. 메솔렐라와 쿠클라가 수정 확장한 밀란코비치 이론에 의하면 기후 변화는 다음과 같은 4개의 주기로 일어난다. 즉, 100,000년의 주기는 지구 공전궤도의 이심률 변화에 해당하고, 41,000년 주기는 지구 자전축의 기울기 변화, 그리고 23,000년과 19,000년의 주기는 지구 세차운동의 변화에 따른다. 1974년 여름에 임브리는 오래 기다려온 스펙트럼 분석을 시행했다. 예상대로 기후 변화 맥동의 주 주기가 100,000년이라는 결과가 나왔다. 이 주기는 동위원소 스펙트럼과 방산충 스펙트럼 모두에서 높은 뾰족점(peak)을 보였다. 보다 낮은 다른 세 개의 뾰족점도 명확하게 인지되었다(그림 42). 동위원소 스펙트럼에서 이들은 43,000년, 24,000년 그리고 19,000년으로 나왔고, 온도-방산충량 스펙트럼에서는 42,000년, 23,000년 그리고 20,000년으로 나왔다.

이것은 그야말로 임브리와 그의 공동연구자들이 바랐던 모든 것이었다. 인도양 코어에서 나온 모든 주기들은 밀란코비치의 예언과 5퍼센트 이내에서 맞아떨어졌다. 이런 일치를 우연이라고 할 수는 없다. 오래 지나지 않아 피시아스(Nicholas G. Pisias)가 천문 이론을 뒷받침하는 추가적인 증거를 내놓았다. 보다 강력한 스펙스럼법을 통해 V28-238 코어로부터 통계학적으로 유의(有意)한 23,000년 주기를 읽어냈다고 한다. 클리맵 연구자들은 자신들이 태평양과 인도양에서 구한 동위원소 기록이 앞서 다른 해양에서 구한 기록과 구간별로 잘 일치하는 사실을 확인할 수 있었다. 그래서

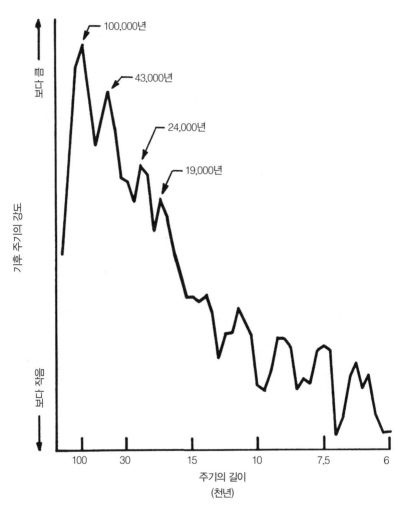

그림 42 지난 50만 년 동안의 기후 변화 스펙트럼. 이 그래프는 인도양 코어 2개에서 나타난 동위원소 기록인데, 여러 기후 변화 주기의 상대적 크기를 보여준다. 이로써 밀란코비치의 이론이 예언한 여러 사실들이 옳은 것으로 확인되었다. (헤이즈 외 (J.D. Hays et al.), 1976의 자료.)

클리맵 연구자들은 플라이스토세의 여러 빙하기들이 지구 공전궤도 모양 (이심률)의 변화, 자전축 기울기의 변화, 그리고 세차운동에 의해 야기되었다고 결론을 내기로 했다.

천문 이론이 옳다면, 이처럼 스펙트럼 분석을 통해 기후변화 곡선에 천문학적인 주파수가 들어 있다는 것을 밝히는 일 말고도 더 할 수 있는 것이 있다. 즉, 위 세 가지의 천문 현상에 대해 빙하가 얼마나 빠르게 반응했는지도 알아낼 수 있는 것이다. 예를 들어, 지구 자전축 기울기의 변화에 따라 빙하가 즉시 반응했다면, 41,000년 주기의 기후 변동은 이 변화와 동시적으로 일어났을 것이다. 이에 반해서 지구 자전축 기울기의 변화에 따른 일조량 변화에 대해 빙하가 더디게 반응했다면 41,000년의 기후 커브는 지구궤적 커브보다 일정량 뒤쳐져 나올 것이다. 후자의 가능성이 더 높게 보인다.

임브리는 필터 분석법(filter analysis)이라는 통계적 기법으로 기후 변화 곡선으로부터 41,000년과 23,000년의 주기를 분리해낼 수 있으리라는 착안에서 두 인도양 코어 자료에 이 기법을 적용했다. 그 결과 41,000년의 기후 주기가 지구 자전축 기울기 변화에 대해 명백히 8,000년가량 뒤처져 나타났다. 그리고 최소한 연구 코어에서, 23,000년의 기후 주기도 세차운동 변화에 대해 뒤떨어지고 있었다. 더구나 이들 지연이 규칙성을 가지고 있어서, 지구축 기울기와 세차운동이 기후 변화를 이끌어간다고 확언할 수 있었다.

주 기후 변화가 천문학적 변화에 의해 초래되고, 41,000년과 23,000년 주기의 기후 변화가 지구 자전축의 기울기 변화와 세차운동 변화의 뒤를 규칙 있게 따르는 것을 확인한 헤이즈, 임브리, 그리고 섀클턴은 이 발견을 1976년 12월 10일에 발행된 *사이언스(Science)*지에 논문으로 발표했다.

그 제목은 "지구 궤도의 변화: 빙하기의 조율자[77] (Variations in the Earth's Orbit: Pacemaker of the Ice Ages)"이다.

크롤이 자신의 이론을 발표한 후 한 세기가 지나서, 그리고 밀란코비치가 자신이 계산한 일조량 커브를 쾨펜과 베게너에게 우편으로 보낸 후 50년 만에, 인도양의 두 코어가 빙하기의 원인에 대한 천문 이론을 확인시켜주었다. 드디어 지질학자들은 태양 둘레를 도는 지구의 운동이 플라이스토세에 일어난 일련의 빙하기를 야기했다는 명백한 증거를 갖게 되었다. 정확히 어떠한 메커니즘이 작동된 것인지, 그리고 왜 100,000년 주기의 공전궤도 이심률 변화가 지난 50만 년의 기후 변화 기록에 그토록 강하게 각인되었는지는 아직도 분명하지 않다. 그러나 지금 명백한 것은 먼 세계 먼 시간으로의 여행자 밀란코비치(Milutin Milankovitch)가 빙하기의 비밀을 푸는 길을 앞서가며 커다란 몫을 했다는 사실이다.

1941년 3월 밀란코비치는 빙하기의 원인을 찾으며 보낸 자신의 일생을 뒤돌아보면서 다음과 같이 회고했다.

그 원인, 즉 행성들의 상호작용으로 발생하는 일조량의 변화는 기재적(descriptive) 자연과학[78]의 시야로써는 너무 멀리에 있다. 그래서 우주 지배의 법칙을 수단으로 수학적 도구를 개발하여 원인을 밝히는 일은 정밀(exact) 자연과학[79]의 영역이다. 그런데 이것이 지질학적 기록에 부합한지를 판정하는 일은 다시금 기재적 자연과학의 몫으로 돌아간다.

∴

77) 옮긴이 주석: 이것은 이 15장의 제목이기도 하다.
78) 옮긴이 주석: 지질학(geology)을 말함.
79) 옮긴이 주석: 지구물리학(geophysics)을 말함.

제3부

미래의 빙하기

16
다가오는 빙하기

미래에는 어떨까? 과거에 여러 번 빙하기가 왔다는 말은 또다시 빙하기가 올 수 있다는 뜻인가? 여러 증기를 검토해본 대다수 과학자들은 기후 체계에 어떤 근본적이거나 예상치 못한 변화가 일어나지 않는 한, 빙하기가 다시 온다는 것을 인정한다. 그렇다면 언제인가? 이 질문에 대해 지질학자들의 대답은 다 같지 않다. 일부는 지금의 이 간빙기가 앞으로 50,000년 더 지속된다고 말하고, 다른 일부는 얼마 전부터 지구 기온이 내려가는 것으로 보아 이미 빙하기에 들어서고 있다는 극단적인 견해를 내놓기도 한다. 즉, 수세기 내로 빙하기가 된다는 말이다.

어떤 면에서 보면, 이런 의견 차이는 단어 문제에 불과하다. 빙하기의 시작이라는 정의는 무엇인가? 빙하가 어느 정도 너르게 퍼져야 빙하기인가? "공식적으로" 빙하기라고 선언하려면 세계 기온이 얼마나 내려가야 하는가? 이런 것들을 정의한다는 것은 지리적인 문제도 있어 복잡하다. 예를 들어 그린란드의 대부분 지역에서는 지금 빙하기를 경험하고 있다. 그린란드 빙원(Greenland Ice Sheet)이 1퍼센트만 확장하면 해안 가옥들의 파괴가 일어나고 주민들은 빙하기가 시작되었다고 여길 것이다. 이에 반해 스코틀랜드의 어부들은 항상 나쁜 날씨에 익숙해져 있으며 그린란드나 스칸디나비아로부터 멀리 떨어져 있어, 그로부터 빙원이 서서히 확장해오는 것을 느끼지 못할 것이다. 시간이 흘러 벤 네비스(Ben Nevis)[80] 산꼭대기가 얼음으로 덮이고 청어 떼가 남하하면 스코틀랜드의 어부들은 그제야 비로소 간빙기가 가고 빙하기가 오고 있다고 판단할 것이다. 그런데 그렇게 하여 유럽 중부의 농경지가 극지 사막으로 바뀌고 브라질의 열대우림이 초원으로 변하려면 수천 년 이상의 시간이 흘러야 한다.

빙하기를 정의하는 문제는 좀 임의적이기는 하나 중부 유럽에서는 플라이스토세 퇴적물을 기반으로 해결되었다. 중부 유럽에서 활엽수 삼림이 나타나면 간빙기가 시작된다. 그리고 나서 이 낙엽성 삼림이 사라지고 초원이 들어서면 간빙기가 끝이 난다. 그래서 플라이스토세의 간빙기는 통상 오크와 같은 낙엽성 수목이 유럽 널리 퍼진 기간으로 정의한다. 오크 삼림이 소멸하면 빙하기가 시작됐다는 신호다. 이렇게 정의하면 별 어려움이 없이 지난 여러 간빙기에 연대를 부여할 수 있다.

이러한 정의에 의하면, 홀로세(Holocene Epoch)라고 하는 현 간빙기는 약 10,000년 전에 시작했다. 이 간빙기가 언제 끝나는가 하는 문제는 여러 각도로 접근해볼 수 있는데, 그럴 듯한 것도 있고 그렇지 않은 것도 있다. 그중 하나는 지질학적 기후 기록을 통계적으로 다루는 방법인데, 알고 있는 과거 여러 간빙기의 지속 기간을 기준으로 삼아 현 간빙기가 얼마나 남

··
80) 옮긴이 주석: 영국 북부 하일랜드(High Land) 지역의 산지. 기상관측소가 있음.

앉는지 추정하는 것이다. 이는 마치 생명보험 회사가 잠재 고객의 잔여 수명을 어림해보는 것과 같다. 심해저 코어를 분석해보면(그림 40) 플라이스토세의 간빙기는 최장 12,000년간 지속되었고 대부분은 10,000년 정도로 끝이 났다. 그렇다면 통계적으로 지금의 간빙기는 이미 막바지다. 다시 말해 10,000년이라는 늙은 나이로 비틀거리는 셈이며 앞으로 2,000년 이내에 끝이 날 것이다.

그런데 이런 식의 통계적 방법에 만족할 사람은 생명보험 회사밖에 없다. 보다 좋은 방법은 지금의 기후 변화 추세를 미래로 연장해보는 것이다. 하나의 추세는 7,000년 전인 소위 후 빙하기 최적 기후(Postglacial Climatic Optimum) 이래 기온이 장기적으로 내려가고 있다는 것이다. 최적

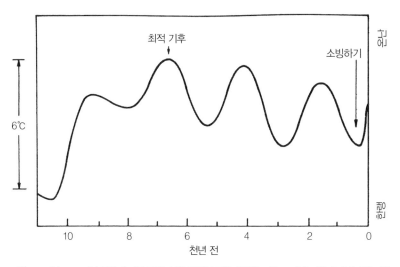

그림 43 지난 10,000년 동안의 기후 변화. 산악 빙하와 식물 화석을 기초로 세계 기온의 대체적인 변화 경향을 추정했다. 최적 기후(Climatic Optimum) 때는 기온이 지금보다 섭씨 2° 높았다. 소빙하기(Little Ice Age)라고 부르는 300년 전에는 기온이 지금보다 낮았다.

기후 때는 지금보다 기온이 높고 강수량도 많았는데 그 이래 평균 기온이 점차 내려가고 있다(그림 43). 아래에서 좀 더 자세히 다루겠지만, 이 전반적인 하강의 추세에 소빙하 주기(Little Ice Age Cycle)라는 것이 겹쳐 있다. 이들이 중첩된 결과로 지구 평균 기온이 섭씨 2° 하강했다. 이러한 기온 하강 추세는 동식물들이 서식하는 지리적 범위가 변하는 데서 확실히 나타난다. 예를 들어 7,000년 전에는 스코틀랜드에 오크와 식용 조개들이 번성했는데 지금은 전혀 없다. 유럽 내 다른 지역에서는 식물대가 지속적으로 남하하거나 낮은 고도로 밀려났다. 이러한 추세가 계속된다면 앞으로 18,000년 후는 세계 기온이 (오늘날보다 섭씨 6° 낮은) 빙하기 수준으로 내려갈 것이다.

지구의 평균 기온이 섭씨 2° 하강했을 때 문명에 어떤 영향이 있었는지 정확하게 평가하기는 어렵다. 그렇지만 강우량의 감소가 농업 생산과 그에 따른 인류의 정착 양상에 결정적인 영향을 미쳤을 것은 의심의 여지가 없다. 독일의 지질학자 사른타인(Michael Sarnthein)은 전세계적으로 증거를 수집한 결과 최적 기후 이후 모래사막의 면적이 획기적으로 늘어났다는 결론을 내렸다. 한 예로 지금은 건조해서 농업 생산이 불가능한 북아프리카 지역도 최적 기후 때는 강우량이 충분해서 훌륭한 문명을 이루었다고 한다.

1963년에 미첼(J. Murray Mitchell, Jr.)은 앞서 언급한 7,000년보다 훨씬 근래의 기온 하강 추세를 처음으로 밝혀냈다. 미첼은 전세계 기상관측망에서 측정한 기온을 평균한 결과 세계 기온이 1940년 이래 계속 하강하고 있음을 밝혔다(그림 44). 이 20년 동안 북반구에서는 평균기온이 섭씨 약 0.3° 내려갔다. 이 추세가 지속된다면 앞으로 700년만 지나면 세계 여러 곳의 기온이 빙하기 수준에 이를 것이다. 강수량이 변하면 지금의 식량생산

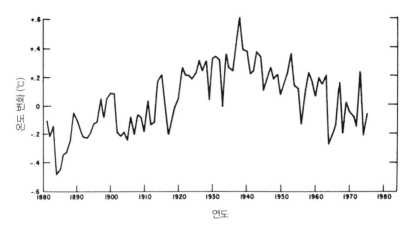

그림 44 지난 100년 동안의 기후 변화. 북반구의 연평균 기온 변화를 보이는 그림. 1940년 이래로 평균 기온이 섭씨 약 0.6° 내려갔다. (미첼(J.M. Mitchell, Jr.), 1977a에 의함.)

양식이 무너질 것이 분명하고 그러면 급격한 문명의 변화까지 초래될 수 있다. 한편, 미첼도 지적한 바와 같이 기후 변화에서 한 가지 확실한 것은 그 변화가 역전될 수도 있다는 점이다. 그러므로 1940년에 시작한 이 기온 하강의 추세가 앞으로도 지속될 것인지는 확실치 않다.

일년이라는 짧은 동안에도 계절이 바뀌는 것을 새겨본다면, 단기 관측에 근거한 기후 예보가 얼마나 틀리기 쉬운지 잘 알 수 있다. 계절이 주기적으로 번갈아 돌아오는 것을 몰랐던 수세기전 고대인들은 해마다 넉 달 간의 기온 하강 기간이면 태양을 제자리로 되돌리고자 불을 피워 제사를 지냈다. 이는 우리가 추세라고 하는 것이 주기 중의 한 부분에 불과할 수 있다는 것을 잘 일깨우는 예다. 그래서 관측 추세를 가지고 예측하는 일은 주기를 알고 난 후에만 옳은 것이다. 지금은 아직 아무도 미첼의 추세에 대해 납득되는 설명을 내놓지 못한 터이다. 그래서 위와 같은 자료를 가지고 현재의 간빙기가 일찍 끝나리라고 예언하는 것은 제사 불을 피워 올리던 고대인들의 잘못을 되풀이 하는 것일 수 있다.

빙하기에 대한 천문 이론은 추세에 근거한 예측의 불확실성을 피하면서 미래의 기후를 예측하는 방법이다. 그림 41을 보면, 공전궤도의 이심률과 지구 자전축의 기울기 변화는 현재 기후를 차가운 쪽으로 몰아가는 한편 세차운동 주기는 기후가 더워지는 쪽으로 몰아간다. 그래서 예측은 복잡해진다. 이들 효과가 합쳐지면 어떻게 될 것인가? 이를 알아내기 위해 임브리(John Imbrie)와 임브리(John Z. Imbrie)는 베르저(André Berger)의 천문 곡선을 가지고 직접 전세계 빙하의 체적을 알아내는 수학 공식을 만들어 냈다. 이 공식을 적용했더니 7,000년 전에 시작한 냉각의 추세가 미래에도 지속되고, 앞으로 23,000년 후에는 빙하의 체적이 최대가 될 것이라는 결과가 나왔다.

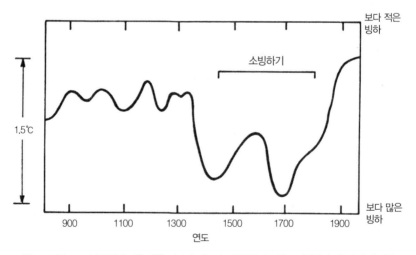

그림 45 지난 1,000년 동안의 기후 변화. 여러 수기(手記) 기록들을 수집하고 편집해서 만든 동유럽 겨울의 상태. 소빙하기(Little Ice Age)(1450년 – 1850년)에 전세계의 산악 빙하(mountain glacier)는 모두 지금보다 상당히 전진해 있었다. (램(H.H. Lamb), 1969로부터.)

그러나 천문 이론이 예측한 장기적인 냉각 추세가 세차운동보다 훨씬 짧은 주기를 가진 기후 맥동으로 변조될 수 있다는 것은 의심의 여지가 없다. 이 같은 맥동은 홀로세에 이미 여러 차례 있었는데 다시 비슷한 일이 일어날 수 있다. 가장 잘 알려진 작은 맥동은 대략 1450년부터 1850년까지 지속되었던 소빙하기(Little Ice Age)이다(그림 45). 이 400년 동안 알프스, 알래스카, 뉴질랜드, 그리고 스웨덴의 라플란드(Swedish Lapland)에서는 계곡 빙하가 지금의 한계를 넘었고 현재 눈이 없는 에티오피아 고산 어귀에도 눈이 내렸다(그림 46). 세계 기후는 전반적으로 지금보다 섭씨 1° 낮았다. 램(Hubert H. Lamb)이라는 사람은 소빙하기의 정황을 복원하려고 옛 기록과 항해일지 등을 파헤친 바 있다. 그에 따르면 브링커(Hans Brinker)[81]가 네덜란드 운하에서 스케이트를 타는 그림은 소빙하기에 유럽의 겨울이 얼마나 추웠는지를 잘 보여주는 사례라고 한다.

한편, 뉴잉글랜드(New England)의 이민 개척자들은 오늘날의 그 어떤 겨울보다 더 혹독한 겨울을 견뎌야 했다. 워싱턴(G. Washington) 군대가 선설적으로 추운 겨울에 포지 계곡(Valley Forge)에서 야영했다고 하는데, 이민 시절의 기후를 연구한 러들럼(David M. Ludlum)에 따르면 사실상 그것은 당대로서는 "상당히 온난한" 겨울이었다고 한다. 워싱턴이 만약 2년쯤 후인 1779~1780년 겨울에 그곳에서 야영을 했더라면 피해가 훨씬 더 컸을 것이라고 한다. 소빙하기라는 기준에서도 그 겨울은 "생전에 가장 힘든 겨

81) 옮긴이 주석: 1865년에 미국의 소설가 도지(Mary Mapes Dodge)가 쓴 소설 속의 주인공. 가난한 15세 소년 한스 브링커(Hans Brinker)는 상품으로 걸린 멋들어진 은 스케이트를 받으려고 나무 스케이트를 신고 속도 경주에 출전하여 여동생 그레텔(Gretel)과 함께 네덜란드 운하를 내달린다. 이 소설책에는 이 장면 외에도 여러 멋진 그림들이 들어 있어 유명하다. 이 소설로 인하여 네덜란드의 스피드 스케이팅이 미국으로 전수되었으며 한스 브링커는 스피드 스케이팅의 원조로 일컬어지게 되었다.

그림 46 아흐정띠에흐(Argentière) 빙하의 오늘날과 1850년의 모습. 위: 1966년에 촬영한 사진. 빙하가 계곡 윗부분에 허처럼 조그맣게 남아있다. 아래: 1850년 경에 제작한 식각(etching) 동판화. 소빙하기(Little Ice Age)가 물러가려는 무렵의 프랑스 알프스의 빙하 범위를 보인다. (라두리(L. Ladurie), 1971로부터.)

울"이었다는 것이다. 더 북쪽의 뉴욕항은 딱딱하게 얼어버렸다. 다음은 러들럼의 기록이다.

허드슨(Hudson) 강과 이스트(East) 강[82]이 과거에도 가끔 단단히 얼어붙은 적이 있었지만, 며칠 동안이나 상류까지 그렇게 얼었던 적은 없었다. … [늦은 1월까지도] 사람들은 스태튼(Staten) 섬에서 맨해튼(Manhattan)까지 5마일의 거리를 얼음 위로 걸어 다녔다. … 스태튼 섬에 주둔한 영국군은 뉴저지의 워싱턴군 전초부대가 얼음길을 넘어와서 약탈을 자행하는 것을 막기 위해 큰 짐, 심지어는 커다란 대포까지 얼음길 위로 끌어다 진지를 보강했다.

상세한 빙하 표류석 연구를 통해 덴튼(George Denton)과 칼렌(Wibjörn Karlén)은 이 소빙하기가 서기 1,700년경에 최절정에 도달했으며, 홀로세 동안 비슷한 소빙하기가 앞시도 네 번이나 있었다고 했다. "그래시 홀로세를 진체적으로 보면, 전반적인 … [냉각 추세 속에] 빙하의 전진기와 후퇴기가 교호했던 시기이다. 전진기는 최장 900년간 지속했고 후퇴기는 1,750년 동안이었다." 빙하가 최대였던 해는 지금으로부터 각각 250년, 2,800년, 5,300년, 8,000년 그리고 10,500년 전이었는데 이는 약 2,500년의 주기다. 따라서 보다 긴 주 빙하주기 위에 이 소 빙하주기가 겹쳐 있는 것이다(그림 43).

소빙하기의 원인은 알 수 없지만, 태양과 관련됐을 것이라는 몇 가지 단서가 있다. 원인이 어땠든, 미래의 기후를 예측하려면 덴튼과 칼렌의 주기

82) 옮긴이 주석: 각각 뉴욕시 맨해튼(Manhattan)의 서쪽과 동쪽 변을 따라 흐르는 강이다. 북동–남서로 길쭉한 모양을 가진 맨해튼이 이 두 강 사이에 끼어 있다.

를 고려해야 한다. 평균기온 변화의 관점에서 볼 때, 소빙하기 주기는 대빙하기 주기의 약 10분의 1정도의 작용력을 갖는다. 그러나 이 고주파 주기에 따른 기온 변화는 지구 공전궤도 변화에 의한 것보다 훨씬 빠르게 일어난다. 덴튼과 칼렌의 주장이 옳다면 (1,700년경부터 나타나기 시작한) 현 온난화 주기의 효과는 천문 주기에 의한 한랭화 효과를 곧 따라잡아서 향후 1,000년간은 기온이 오르리라고 한다. 그 후는 천문학적 작용의 주기와 소빙하 주기가 결합되어 긴 한랭 주기가 시작되고 지금으로부터 23,000년 후에 그 효과가 최대가 된다고 한다.

이는 자연 기후 주기를 가지고 예측한 것으로서, 1,000년간의 온난화와 그 뒤를 따르는 22,000년간의 한랭화가 예언되었다. 여기서 "비자연적" 영력은 고려되지 않았다. 다음은 미첼(J. Murray Mitchell, Jr.)의 말이다.

사람이 방해하지 않고 자연 방식대로 돌아가게 놔둔다면, 미래의 기후는 온난과 한랭을 여러 번 반복한 후 빙하기로 들어갈 것이다. … 그런데 지구상 인간의 존재로 말미암아 향후 수십 년 혹은 수 세기 후의 일이 이와 다른 시나리오를 따르게 된다. 즉, 우선은 느껴지지 않는 사소한 차이일지라도, 후에는 매우 다른 차이가 되는 것이다. 직접 관측으로 증명하기가 어려우나 산업화가 벌써 지구의 온도에 영향을 미치기 시작했다. … 인류가 에너지 소비를 계속 늘려 대기오염이 심해지면, 몇 년 혹은 몇 십 년이 지나지 않아 그 영향은 자연 기후 변화의 노이즈 레벨을 넘어서 확연히 인지되는 수준이 될 것이다.

인류의 여러 활동(예를 들어, 농경, 관개, 삼림 벌채, 도시화 그리고 이에 따른 열과 연기의 방출)이 기후에 영향을 미치는데 그 중 가장 크게 영향을 미

치는 것은 화석연료를 태울 때 나오는 이산화탄소 가스이다. 이 공해 물질
은 석탄, 석유, 가솔린, 천연가스, 메탄, 프로판, 등과 같은 탄화수소의 연
소 그리고 보다 양이 적은 여러 다른 연료의 연소로써 발생한다. 대기 중
의 이산화탄소는 열을 차단하는 온실효과를 발휘하기 때문에, 화석연료를
태우면 필연적으로 지구의 평균기온이 상승 한다(그림 47).

　"인류가 에너지 수요를 계속 화석연료로 충당해가면, 금세기말이면 그
결과가 기후에서 나타날 것이다. 다음세기 중반쯤에는 더 큰 문제가 일어
난다." 이는 미첼의 말이다.

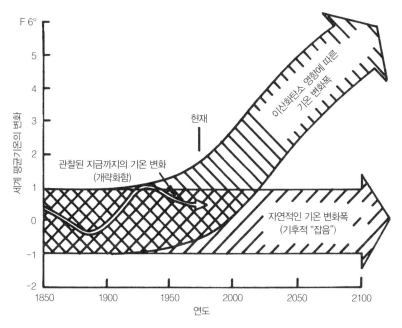

그림 47 서기 2100년까지의 기후 예보. 1850년부터 지구의 평균기온(흰색 화살표)이 화씨 약 2°의 범위
에서 변화해왔다. 대기 중의 이산화탄소 증가로 향후 2세기 동안은 기온이 올라갈 것이다. 2000년도
까지는 이 효과가 그다지 명백하지 않을 것이나, 그 후로는 지구 온난화가 가속될 것이다. (미첼(J.M.
Mitchell, Jr.), 1977b로부터.)

지질학적 관점에서 볼 때, 지구에 매장된 모든 화석연료를 다 소모한다면 지구는 지난 100만 년 동안 경험하지 못했던 "초 간빙기(super-interglacial age)"로 빠져들 것이다. 나아가 화석연료의 사용을 중지한다 해도 대기가 초과 분량의 이산화탄소를 제거하는 데는 많은 시간이 걸린다. 이산화탄소 효과는 천년 이상 계속될 것이다. 이러한 초 간빙기의 효과가 어떠할지는 예상이 어려우나, 미첼은 다음과 같이 결론을 내렸다. "비정상적인 고온이 천년 이상 지속되면 그린란드와 남극 빙관의 상당 부분이 녹아버릴 것이고 전세계적으로 해수면이 상승해서 연안의 인구 밀집지와 경작지가 침수될 것이다." 반면에 어떤 지역에서는 기온 상승이 확실한 이득이 되기도 한다. 예를 들어 북아프리카와 중동의 사막에서는 7,000년 전의 최적 기후(Climatic Optimum) 때처럼 꽃이 다시 피어나게 될 것이다.

초 간빙기가 지구 기후계에 근본적인 변화를 일으키지 않는다고 가정하면, 대기는 결국 초과된 이산화탄소를 제거할 것이다. 그러면 지구 궤도 변화와 소빙하기 주기의 기온 하강 추세에 따라 지구는 다시 장기적인 냉각 주기로 들어갈 것이다(그림 48). 그리하여 지금으로부터 대략 2,000년 후부터는 현저한 한랭화의 경향이 나타나게 된다. 또 다시 1,000년 정도가 흐르면 북아프리카의 사막은 다시 건조해지고 중부 유럽에서는 오크 삼림이 사라지면서 기록상 가장 긴 플라이스토세 간빙기가 종말을 맞을 것이다. 그리하여 세계 기후는 한랭의 내리막길을 달리다가 지금을 기준으로 약 23,000년 후에 지구는 다시 빙하기의 심연으로 빠져들게 된다.

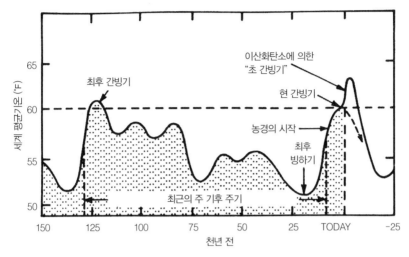

그림 48 향후 25,000년간의 기후 예보. 빙하기에 대한 천문 이론을 따르면, 자연적 미래 기후의 경향 (점선 화살표로 표시)은 냉각의 추세이고 앞으로 약 23,000년이 지나면 완전히 새 빙하기에 도달한다. 그런데 이산화탄소의 보온 효과 때문에 "초 간빙기(super-interglacial age)"가 끼어들게 되어 세계 평균 기온이 지난 100만 년간 보다 몇 도 높아질 것이다. 그렇게 되면 지금부터 약 2,000년이 흘러야 이 보온 효과가 사라지고 새로운 빙하기를 향한 냉각 추세가 재개된다. (브뢰커(W.S. Broecker), 1975와 미첼 (J.M. Mitchell, Jr.), 1977b를 각색한 것임.)

마치는 장
과거 10억 년 동안의 기온 변화

지금까지 이 책에서는 과거 50만 년 동안의 기후 역사를 다루었다. 이 동안에 지구에서는 빙하기와 간빙기가 오갔고 그 결과 플라이스토세의 빙원은 주기적으로 확장 또는 축소되어왔다. 플라이스토세 간빙기에는 기후가 비교적 온난했지만 그래도 남극 대륙이나 그린란드, 북극해 해수면 등의 극 지역에는 만년빙하가 상당량 남아 있었다.

보다 장기적으로 과거 10억 년을 되돌아보면, 지난 50만 년과 같은 규모로 극 지역에 빙하가 덮인 것은 세 번뿐이었다. 이 세 번의 긴 기간을 그림 49에 빙하기라고 표시했다. 세 번의 빙하기 동안 극 지역에는 빙원이 생기고 대륙에도 여러 차례 빙하가 찾아들었다. 최초의 빙하기는 선캄브리아 말인 약 7억 년 전에 나타났다. 두 번째 빙하기는 페름–석탄 빙하기(Permo-Carboniferous Glacial Age)라고 부르는데 약 3억 년 전에 일어났으며, 최근(즉 신생대 말)의 빙하기는 약 1,000만 년 전에 시작했다.

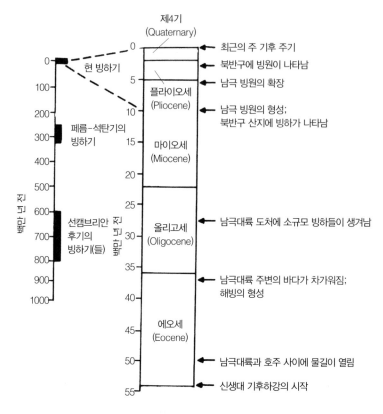

그림 49 지난 10억 년 동안의 기후. 좌측에 빙하기라고 표시한 기간은 극 지역에 빙원이 생겼던 기간이다. 우측에는 신생대에 기온이 현저하게 하강했던 사건을 요약했다.

　어떻게 이렇게 긴 대륙 빙하기가 반복적으로 찾아오고 물러갔는지 확실히는 알 수 없다. 그런데 대륙 이동으로 이러한 기후 변화가 야기되었다는 주장이 설득력이 있다. 대륙 이동이란 느리기는 하지만 각 대륙의 위치가 지속적으로 변한다는 말이다. 이러한 대륙이동설에 의하면, 육지의 상당 부분이 극으로 모여들면 고위도에 불안정적으로 많은 양의 얼음이 쌓이게 된다고 한다. 페름–석탄 빙하기는 이 설과 대체로 맞아떨어진다. 이 시기에 지구 땅덩어리들은 판게아(Pangaea)라고 하는 초대륙을 이루며 뭉쳐 있었다. 판게아는 적도를 중심으로 뭉쳐 있었지만 남쪽 부분은 남극까지 뻗었다. 그래서 당시 브라질, 아르헨티나, 남아프리카, 인도, 남극 대륙 그리고 호주는 고위도에 위치했고 빙하지역이 되었다.

페름-석탄 빙하기 이후 2억 년 동안 지구는 빙하기를 벗어나 때로는 오늘날보다 더 따뜻했다. 이는 아마 판게아가 북쪽으로 이동하여 그 남쪽 끝이 남극을 벗어난 때문일 것이다. 그러다 약 5,500만 년 전부터는 세계 기후가 한랭 추세로 접어들어 오늘날까지 계속되고 있다. 이를 신생대 기후 하강(Cenozoic climate decline)이라고 하는데, 이는 판게아가 서서히 분열해서 오늘날과 같은 대륙분포를 이루어간 때문으로 보인다. 남극 대륙은 호주에서 분리되어 서서히 남으로 이동해서 남극을 중심으로 한 지금의 위치가 되었다. 그러는 동안 북미와 유라시아 대륙은 북극을 향해 이동했다. 많은 육지부분이 북극 근방의 고위도로 모여들수록 지표면의 반사도가 증가해서[83] 기온은 내려간다. 약 1,000만 년 전에는 알래스카를 위시한 북반구 고위도 지역에 소규모의 산악 빙하가 나타났다. 남반구의 새 기후체제는 보다 극적인 모습이었다. 남극 빙원(Antartic Ice Sheet)이 현재의 절반에 이르도록 급격히 팽창해서 현 빙하기의 영구적인 모습을 이뤘다. 약 500만 년 전에는 남극 빙원이 다시 팽창했는데 그 규모가 지금보다 컸던 것으로 보인다.

300만 년 전에는 북반구에 처음으로 대륙 빙하가 나타나서 북대서양 연접 지역을 차지했다. 북반구에 일단 빙원이 형성되면 천문학적 변수가 민감하게 작용하는 것으로 보인다. 그래서 길고도 복잡한 기후 부침(浮沈,

83) 옮긴이 주석: 이는 육지가 반사도 높은 눈으로 덮이기 때문이다.

fluctuations)의 행진이 시작되는 것이다. 이 부침의 역사 앞부분은 아직 자세하게 분석할 수 없었으나, 최근 50만 년의 기후 기록에는 100,000년, 41,000년, 22,000년의 주기가 확실히 각인되어 나타난다. 이는 빙하기 원인에 대한 밀란코비치의 천문 이론이 말했던 바로 그 주기들이다.

빙하기 발견 연보

1787*[84] 스위스의 베르나르트 프리더리히 쿤(Bernard Friederich Kuhn)은 이 곳 저
        곳에서 발견되는 전석들을 옛 빙하의 증거로 해석함.

1794* 스코틀랜드의 지질학자 제임스 허튼(James Hutton)도 유라 산지를 방문하고
        쿤과 같은 결론을 내림.

1815   스위스 발 데 방(Val de Bagnes) 지역의 산악인 장-피에르 페로댕(Jean-
        Pierre Perraudin)은 알프스 빙하가 예전에는 지금보다 앞쪽으로 전진해 있
        었다고 확신함.

1818[85] 발 데 방 지역에서 고속도로 건설기사로 일하던 이냐스 베네츠(Ignace Venetz)

∴

84) 옮긴이 추가: 연도에 *표시가 되어 있는 것은 본문에 나온 내용에 따라 옮긴이가 덧붙여 넣
    은 것임.

가 페로댕을 만나게 됨. 알프스 빙하의 일부가 예전에는 지금보다 최소 5킬로미터 전진해 있었다는 페로댕의 말에 동조함.

1824* 옌스 에스마르크(Jens Esmark)가 노르웨이에서 옛 빙하의 증거를 발견함.

1832* 독일의 라인하르트 베른하르디(Reinhard Bernhardi)는 북극 빙하가 한때 유럽을 뒤덮으면서 독일 중부까지 남진했었다는 논문을 내놓음.

1833* 영국의 찰스 라이엘(Chales Lyell)은 노아 대홍수 때 바위를 품은 빙산이나 유빙 조각들이 떠다니면서 전석을 옮겼다는 빙하표류설(氷河漂流說, ice-raft theory)을 제기함.

1834* 스위스의 장 드 샤르팡티에(Jean de Charpentier)는 빙하기 이론을 뒷받침하는 증거를 체계적으로 정리하고 분류하여 스위스 루체른(Lucerne)에서 열린 학회에서 빙하 이론을 발표함.

1836 알프스 지역에 대한 야외답사를 실시한 장 드 샤르팡티에(Jean de Charpentier)와 이냐스 베네츠(Ignace Venetz)는 구릉지의 여러 지형이 빙하에 의해 만들어졌다는 루이 아가시(Louis Agassiz)의 주장을 인정함.

1837 루이 아가시(Louis Agassiz)가 뇌샤텔(Neuchâtel)에서 열린 스위스 자연과학회(Swiss Society of Natural Sciences)에서 자신의 대 빙하기(Great Ice Age) 이론을 발표함.

1839 티모시 콘래드(Timothy Conrad)가 미국의 지표 퇴적물[86]을 아가시의 빙하

••

85) 옮긴이 주석: 베네츠와 페로댕의 역사적 만남은 1818년이다. 그러나 페로댕의 말에 동조하게 된 것은 3년이 지난 1821년에 가서이다. 본문을 보면 베네츠는 1821년의 한 보고서에서 비로소 빙력토라는 견해를 제시한 것으로 되어 있다.

이론으로 설명함.

1840　루이 아가시(Louis Agassiz)가 영국의 지표 퇴적물[87]이 빙하 기원이라는 것을 윌리엄 버랜드(William Buckland)에게 납득시킴. 버랜드는 곧 바로 찰스 라이엘(Chales Lyell)을 설복시킴.

1841　스코틀랜드에서는 찰스 매클라렌(Charles Maclaren)이 빙하기에 해수면이 지금보다 800피트나 낮았다고 주장함.

1842　프랑스에서 조제프 아데마(Joseph Adhémar)가 분점의 세차운동(分點의 歲差運動, precession of the equinoxes)에 근거하여 빙하기 원인에 대한 천문 이론(astronomical theory)을 제창함.

1843　프랑스의 천문학자 우르뱅 르베리에(Urbain Leverrier)가 과거 지구 공전궤도의 변화를 계산하는 공식을 만들어내고, 지난 100,000년간의 공전궤도의 변화 역사를 알아냄.

1847*　에두아르드 쿨롱(Edouard Collomb)이 프랑스 보게(Vosges) 산맥에서 2매의 빙퇴석(tillite) 층을 발견함. 이는 지구상에 빙하기가 한 번이 아니라 여러 차례 있었다는 최초의 증거가 됨.

1863　아치볼드 게이키(Archibald Geikie)가 대부분의 지질학자들로 하여금 스코틀랜드의 지표 퇴적물[88]이 빙하 기원이라는 것을 믿도록 하기 위해 많은 야외

86) 옮긴이 주석: 원문에는 surficial deposits로 되어 있으나 이는 drift, 즉 표류토(漂流土)를 의미한다.
87) 옮긴이 주석: 원문에는 surficial deposits로 되어 있으나 이는 drift, 즉 표류토(漂流土)를 의미한다.
88) 옮긴이 주석: 원문에는 surficial deposits로 되어 있으나 이는 drift, 즉 표류토(漂流土)를 의미한다.

증거들을 모아 제시함.

1864   스코틀랜드에서 제임스 크롤(James Croll)이 빙하기의 원인이 분점의 세차운동(分點의 歲差運動, precession of the equinoxes)과 지구 공전궤도의 이심률(離心率, orbital eccentricity) 변화에 있다는 천문 이론(astronomical theory)을 발표함.

1865*   제임스 크롤(James Croll)이 패각 표류토가 지금은 천해가 된 지역을 빙하가 훑고 지나감으로써 생성되었다는 설명을 내놓음.

1865   스코틀랜드의 토머스 제이미슨(Thomas F. Jamieson)이 옛 해안선 기록을 검토하여, 플라이스토세에 빙하의 무게로 그 아래의 대지가 눌려 내려앉았다고 주장함.

1868*   미국 오하이오 주 클리블랜드(Clevaland)의 지질학자 찰스 휘틀시(Charles Whittlesey)는 빙하로 인해 해수면이 하강한 정도가 가장 추울 때 최소 350 내지 400피트였다고 계산함.

1870   그로브 길버트(Grove Gilbert)가 지난 빙하기에 그레이트 솔트레이크(Great Salt Lake) 호수가 지금보다 훨씬 넓었음을 밝힘.

중앙아시아 사막 지역을 연구한 페르디난트 폰 리히트호펜(Ferdinand von Richthofen) 남작은 유럽, 북미, 남미 등지에서 빙하가 없던 지역에 쌓인 노란색의 가는 모래(뢰쓰, loess)가 빙하기동안 바람에 불려와 퇴적되었다는 결론을 내림.

1871[89)]   에이모스 워선(Amos H. Worthen)이 일리노이 주에 한 차례 이상 빙하기가 왔다는 증거를 제시함.

1874   제임스 게이키(James Geikie)가 스코틀랜드 지질조사소의 위탁으로 플라이
        스토세 빙하기에 대한 지식을 종합함.

1875*   제임스 크롤(James Croll)이 빙하기 원인에 대한 자신의 견해를 집약한 *기후
        와 시간 (Climate and Time)*이라는 책을 출간함. 이 책에서 크롤은 지구 자
        전축의 기울기가 수직에 가까워지면 빙하기가 초래될 가능성이 증대한다는
        가설을 세움.

1875   챌린저(*H.M.S. Challenger*)호 과학자들이 개척적인 해양탐사 항해를 마치고
        방대한 정보가 들어있는 심해 퇴적물을 가지고 귀환함.

1894   에딘버러 대학교(University of Edinburgh)의 지질학 교수가 된 제임스 게이
        키(James Geikie)가 자신이 편찬한 플라이스토세 역사 요약집에 북미, 유럽,
        아시아의 빙하 지도를 넣음.

        예일 대학교(Yale University) 교수 제임스 데이나(James D. Dana)가 북미에
        서 빙하가 마지막으로 퇴각한 것은 80,000년 전이 아니라 100,000년 전이라
        고 주장함. 이러한 이유로 그는 크롤의 천문 이론을 부정함.

1904   독일의 루드비히 필그림(Ludwig Pilgrim)이 과거 100만 년 동안의 지구 공전
        궤도의 이심률, 지구 자전축 기울기 그리고 세차운동의 변화를 계산함.

1906   베르나르드 브룬(Bernard Brunhes)이 프랑스의 용암에서 지구 자기장 방향
        이 역전되었다는 증거를 발견함.

1909   알브레히트 펭크(Albrecht Penck)와 에두아르트 브뤼크너(Eduard Brückner)

●●
89) 옮긴이 주석: 책의 본문에는 1873년으로 되어 있음.

가 알프스 여러 강의 단구(段丘, terrace)들을 관찰하여 플라이스토세의 빙하기 역사를 복원함.

1914* 유고슬라비아[90] 수학자 밀루틴 밀란코비치(Milutin Milankovitch)가 "빙하기에 관한 천문 이론상의 문제(On the problem of the Astronomical Theory of the Ice Ages)"라는 논문을 통하여 지구 공전 궤도의 이심률과 세차운동의 변화가 빙하의 팽창이나 수축을 야기하기에 충분하다는 것을 수학적으로 보여줌. 또 지구 자전축의 기울기 변화가 기후 미치는 효과가 크롤이 생각했던 것보다 크다는 것을 보임.

1920 밀루틴 밀란코비치(Milutin Milankovitch)가 위도와 계절에 따른 지구상 각 곳의 태양볕 입사 강도를 계산하는 공식을 발표함. 그는 과거에 대해도 같은 계산을 제시할 수 있다고 함. 또 일조량(日照量) 변화가 기후에 미치는 영향은 지대하여 빙하기를 초래할 수 있다고 주장함.

1924* 독일의 기후학자 블라디미르 쾨펜(Wladimir Köppen)은 여름 동안 극지방의 일조량이 떨어지면 빙하기가 된다는 견해를 제시함.

1924 독일의 블라디미르 쾨펜(Wladimir Köppen)과 알프레드 베게너(Alfred Wegener)는 밀란코비치가 천문 이론의 근거로 계산해놓은 3개의 일조량 변화 곡선을 출간함. 이는 과거 650,000년 동안 북위 각 55°, 60°, 65°에서 시간에 따른 여름 일조량의 변화를 나타내는 곡선이다.

1929 모토노리 마츠야마(Motonori Matuyama)가 일본과 한국에서 플라이스토세 동안 지구 자기장이 역전된 증거를 찾아냄.

90) 옮긴이 주석: 앞서 본문에서 여러 차례 각주한 바와 같이 지금은 세르비아(Serbia)에 속한다.

1930 바르텔 에벨(Barthel Eberl)은 펭크와 브뤼크너가 개척한 플라이스토세 사건의 역사 체계를 보다 상세화 했으며, 알프스 단구라는 지질학적 기록이 밀란코비치의 일조량 역사와 일치함을 확인함.

1935 볼프강 쇼트(Wolfgang Schott)가 독일 탐사선 메테오르(Meteor)호가 1925-1927년에 적도 대서양 해저에서 채취한 짧은 코어에서 지난 빙하기에 관한 고생물학적 증거를 발견함.

1938 밀루틴 밀란코비치(Milutin Milankovitch)가 빙하기에 대한 그의 천문 이론의 최종판을 내놓음. 빙하기의 주 원인은 남·북 양 반구 고위도의 여름 일조량 강도임을 밝힘. 일조량 변화의 주된 원인은 지구 자전축의 기울기 변화(41,000년 주기)이며 분점의 세차운동(22,000년 주기)도 영향을 미친다고 함. 그는 또 지구의 반사도 변화도 고려하면서 지난 백만 년 동안 빙하의 지리적 경계가 어떻게 변해왔는지도 계산함.

1947 시카고 대학교(University of Chicago)의 해럴드 유리(Harold Urey)가 산소 동위원소법의 기본 이론을 발표함.

스웨덴의 비요르 쿨렌베르크(Björe Kullenberg)가 심해저에서 긴 코어를 채취할 수 있는 피스톤 코어기를 발명. 이를 스웨덴 심해 탐험대(Swedish Deep-Sea Expedition)(1947-1948년) 과학자들이 활용함.

1951 시카고 대학교(University of Chicago)에서 윌라드 리비(Willard Libby)가 방사성탄소 연대측정법을 개발함.

시카고 대학교의 새뮤엘 엡스타인(Samuel Epstein)과 그의 동료들이 유리(Urey)의 동위원소 이론을 기반으로 고(古) 해양의 수온을 계산하는 방법을 개발함.

1952   스크립스 해양연구소(Scripps Institution of Oceanography)의 구스타프 아
       레니우스(Gustaf Arrhenius)는 스웨덴 탐험대가 채취한 태평양 심해저 코어
       의 화학성분이 깊이에 따라 변하는데, 이것이 기후 변화의 기록이라고 밝힘.

       컬럼비아 대학교(Columbia University) 라몬트 지질연구소(Lamont Geological
       Observatory)의 데이비드 에릭슨(David Ericson)과 그의 동료들이 심해저 퇴
       적층에서 저탁류층을 인지해내는 방법을 개발함.

1953   잉고 섀퍼(Ingo Schaefer)는 알프스 단구의 자갈층에서 화석을 발견함으로써
       펭크(Penck)와 브뤼크너(Brückner)가 만든 빙하기와 간빙기의 연대가 옳지
       않음을 밝힘.

       스크립스 해양연구소(Scripps Institution of Oceanography)의 프레드 플레
       거(Fred Phleger)와 그의 동료들이 대서양 해저의 피스톤 코어에 대한 고생
       물학적 연구를 통하여 빙하기가 9차례나 있었다는 증거를 찾아냄.

1955   시카고 대학교(University of Chicago)의 세자르 에밀리아니(Cesare Emiliani)
       가 심해저 코어에 들어있는 유공충의 산소 동위원소 값 변화를 가지고 빙하
       기와 간빙기가 각각 최소 7번씩 있었다는 것을 밝혀냄. 그는 또 이 기후 변화
       의 주 주기가 약 40,000년이라는 것을 알아냄.

1956* 미국 컬럼비아 대학교 라몬트 지질연구소(Lamont Geological Observatory)
       의 모리스 유잉(Maurice Ewing)과 윌리엄 던(William Donn)은 차가운 북극
       해로 따뜻한 북대서양 해류가 들어오면 주변의 대지에 눈이 내리고 지표의
       반사도가 높아져서 빙하기가 시작된다는 이론을 제시. 빙하기가 계속되어
       기온이 떨어지면 북극해는 다시 얼게 되고 그러면 습기의 근원이던 따뜻한
       해류의 유입이 차단되어 눈이 적은 간빙기로 들어간다고 설명함.

1956   로스앨러모스 과학연구소(Los Alamos Scientific Laboratory)의 존 반스(John

Barnes)와 그의 동료들이 산호 화석의 연령을 측정하기 위해 토륨법을 개발함.

데이비드 에릭슨(David Ericson)과 고에스타 올린(Goesta Wollin)이 심해저 코어에 들어 있는 유공충 종들의 구성비 변화를 이용하여 플라이스토세 동안의 기후 변화를 알아냄.

1961   체코 과학원(Czechoslovakian Academy of Science)의 조지 쿠클라(George Kukla)와 보옌 로젝(Vojen Ložek)이 빙하가 미치지 않았던 중부 유럽에 나타나는 뢰쓰와 토양으로 구성된 일련의 지층군이 플라이스토세의 기후를 상세히 기록하고 있음을 보여줌.

1963   미국 지질조사소(U.S. Geological Survey)의 앨런 콕스(Allan Cox)와 그의 동료들이 지구 자기장의 역전이 전세계에 걸쳐 동시에 발생했음을 밝히고 이를 통하여 고자기 연대표(paleomagnetic time scale)를 만들어냄.

1964*   뉴질랜드의 알렉스 윌슨(Alex T. Wilson)은 남극 빙원의 거대한 일부가 갑자기 바다로 미끄러져 들어가면 세계적인 기후 변화가 초래되고 결국은 빙하기로 발전한다는 의견을 제시함.

1964   스크립스 해양연구소(Scripps Institution of Oceanography)의 크리스토퍼 해리슨(Christopher Harrison)과 브라이언 펀넬(Brian Funnell)이 심해저 코어에서 브룬기와 마츠야마기의 경계를 이루는 지구 자기장의 역전 기록을 발견함.

캘리포니아 대학교(University of California)의 가니스 커티스(Garniss Curtis)와 잭 에번든(Jack Evernden)은 동료들과 함께 포타슘-아르곤(K-Ar)법을 사용하여 플라이스토세 사건에 대해 신뢰할 만한 연대를 구해냄.

1965   라몬트 지질연구소(Lamont Geological Observatory)의 제임스 헤이즈(James

Hays)가 방산충 화석을 이용하여 플라이스토세 동안의 남극해의 역사를 밝힘.

라몬트 지질연구소(Lamont Geological Observatory)의 월러스 브뢰커(Wallace Broecker)는 간빙기 해수면에 대한 토륨 연대측정[91]의 결과가 80,000년과 120,000년으로 나온 것은 밀란코비치 이론을 지지하는 것이라고 주장함.

1966   마이애미 대학교(University of Miami) 해양연구소(Institute of Marine Science)로 자리를 옮긴 세자르 에밀리아니(Cesare Emiliani)가 카리브해에서 채취한 긴 심해저 코어(P6304-9)를 분석하여 산소 동위원소 지층대를 제17대(Stage 17)까지 연장시킴.

브라운 대학교(Brown University)의 라블리 매튜스(Robley Matthews)와 케네스 메솔렐라(Kenneth Mesolella)가 바베이도스(Barbados) 섬의 여러 단구(段丘, terrace)가 옛 산호초로 되어 있다는 것을 밝힘. 그러므로 각 산호초는 간빙기의 해수면을 나타낸다고 함.

1967   케임브리지 대학교(Cambridge University)의 니콜라스 섀클턴(Nicholas Shackleton)이 심해저 코어에 나타나는 산소 동위원소비의 변화가 지구 빙하의 체적 변화를 반영한다는 증거를 제시함.

제프리 딕슨(Geoffrey Dickson)이 라몬트 지질연구소(Lamont Geological Observatory)의 연구선 콘래드(*R. V. Robert Conrad*)호를 타고 인도양 남부 해저로부터 RC11-120 코어를 채취함.

라몬트 지질연구소(Lamont Geological Observatory)의 제임스 헤이즈 (James

91) 옮긴이 주석: 이는 산호초 화석에 대한 토륨 연대측정으로 알 수 있다. 그 아래 1966년의 매튜스와 메솔렐라의 주장을 참조.

Hays)와 닐 업다이크(Neil Opdyke)가 남극해에서 채취한 심해저 코어 내의 각 사건에 연대를 부여하기 위해 지구 자기장의 역전 기록을 이용함.

1968   컬럼비아 대학교(Columbia University)와 브라운 대학교(Brown University) 의 월러스 브뢰커(Wallace Broecker)와 라블리 매튜스(Robley Matthews) 그 리고 그들의 동료들이 바베이도스(Barbados) 섬의 세 산호단구에 대한 토 륨 연령을 발표함. 이들 연령은 개정된 밀란코비치 이론[92]에서 간빙기에 해 당됨.

       체코 과학원(Czechoslovakian Academy of Science)의 조지 쿠클라(George Kukla)와 그의 동료들이 고자기 연대표를 이용하여 유럽 토양층에 나타나는 기후 변화의 주된 주기가 100,000년이라는 것을 밝힘.

1969*   컬럼비아 대학교(Columbia University)의 임브리(John Imbrie)와 킵(Nilva Kipp)이 부유성 유공충에 대해 다중요인 분석법(multiple-factor method)을 적용함. 그 결과 빙원의 체적 변화에 따른 해수 염도의 변화가 유공충의 산소 동위원소비의 변화에 영향을 미친다는 것을 밝힘.

1969*   브라운 대학교의 메솔렐라(Kenneth Mesolella)와 체코의 쿠클라(George Kukla)는 100,000년 기후 변화 주기의 원인은 지구 공전궤도의 이심률(orbital eccentricity) 변화이며, 어느 한 계절의 일조량 강도는 지구 세차운동에 의해 크게 지배된다고 지적함. 그런데 이 세차운동의 크기는 지구 공전궤도의 이 심률 변화에 정확히 비례한다고 함.

1970   월러스 브뢰커(Wallace Broecker)와 얀 판 동크(Jan van Donk)는 동위원소

⋮

92) 옮긴이 주석: 개정된 밀란코비치 이론이란 원 이론에서 말하는 지구 자전축의 기울기 변화 에 의한 41,000년 주기와 분점의 세차운동에 의한 22,000년 주기에 지구 궤도의 이심률 변 화에 의한 100,000년 주기를 덧붙인 것을 말한다.

변화를 이용하여 카리브해 코어에 기록된 기후 변화의 주기가 100,000년이라는 것을 밝힘.

1971   미 해군해양국(U.S. Naval Oceanographic Office)의 윌리엄 루디먼(William Ruddiman)이 고자기 연대표를 사용하여 대서양 해류의 변화 주기가 100,000년이고 이는 기후 변화 주기와 일치한다는 것을 밝힘.

존 래드(John Ladd)가 라몬트의 연구선 베마(R. V. Vema)호를 타고 적도 태평양 서부 해저에서 V28-238 코어를 채취함.

제임스 헤이즈(James Hays)(Lamont-Doherty Geological Observatory 소속)와 윌리엄 베르그렌(William Berggren)(Woods Hole Oceanographic Institution 소속)은 플라이오세/플라이스토세의 경계가 올두바이 자기 사건(Olduvai Magnetic Event)[93]의 시작과 일치함을 알아냈으며, 또 이를 통해 플라이스토세의 길이를 약 180만 년으로 결정함.

노먼 왓킨스(Norman Watkins)가 미국 국립과학재단(National Science Foundation)의 연구선 엘타닌(R. V. Eltanin)호를 타고 남인도양에서 E49-18 코어를 채취함.

브라운 대학교(Brown University)의 존 임브리(John Imbrie)와 닐바 킵(Nilva Kipp)이 미화석 종(微化石 種)의 개체 수 조사를 통해 플라이스토세 해양의 수온을 추정하는 통계적 기법을 개발함. 그들은 한편 카리브 코어 V12-122의 동물군 자료와 동위원소 자료를 스펙트럼 분석하여 지구 자전축의 기울기 변화와 세차운동에 연관된 기후 변화 주기를 찾으려 했으나 실패함.

93) 옮긴이 주석: 정자극 사건(normal event)임.

미국 국립과학재단(National Science Foundation)의 클리맵(CLIMAP)[94] 회원들이 심해저 코어에서 플라이스토세 세계 기후 기록을 추출하는 과업을 시작함.

1972   메릴랜드 대학교(University of Maryland)의 애난두 버네카(Anandu D. Vernekar)가 지난 200만 년 및 향후 10만 년 동안의 지구 궤도와 입사 일조량의 시간적 변화를 계산함.

니콜라스 섀클턴(Nicholas Shackleton)(Cambridge University 소속)과 닐 업다이크(Neil Opdyke)(Columbia University 소속)가 태평양 코어 V28-238의 동위원소와 잔류자기를 상호 비교하여 지난 700,000년간의 기후 사건 연대표를 만듦. 또한 산소 동위원소 기(isotopic stages)를 제22기까지 연장함. 나아가 산소 동위원소비의 변화가 전지구 빙하의 총량 변화를 반영한다는 것을 보여줌.

1975   라몬트-도허티 지질연구소(Lamont-Doherty Geological Observatory)[95]로 옮겨온 조지 쿠클라(George Kukla)는 여러 증거를 종합한 후 펭크(Penck)와 브뤼크너(Brückner)가 개발하고 에벨(Eberl)이 상세화한 빙하기-간빙기의 제계가 옳지 않음을 밝혀냄.

∴

94) 옮긴이 주석: 해양의 기후 역사를 복원하고 지도화하기 위해 여러 대학교와 연구소의 고생물학자, 광물학자, 지구화학자, 그리고 지구물리학자 등 여러 학문분과의 전문가를 망라한 연구조직의 이름. 컬럼비아 대학교(Columbia University) 라몬트 지질연구소(Lamont Geological Observatory)의 헤이즈(James D. Hays)와 임브리(John Imbrie)의 발기와 미국 국립과학재단의 지원으로 1971년 5월 1일에 출범했다.

95) 옮긴이 주석: 1949년에 월가의 은행가 토머스 라몬트(Thomas Lamont)의 미망인이 기증한 뉴욕 허드슨강변 언덕 팰리세이즈(Palisades)의 부지에서 출발한 미국 컬럼비아 대학교(Columbia University)의 라몬트 지질연구소(Lamont Geological Observatory)는 1969년에 도허티 자선재단의 후원을 받으면서 그 이름을 라몬트-도허티 지질연구소(Lamont-Doherty Geological Observatory)로 바꾸게 되었다. 그러다가 1993년에는 기후연구를 비롯한 폭넓은 연구활동을 더 잘 표현하기 위해 이름을 다시 라몬트-도허티 지구연구소(Lamont-Doherty Earth Observatory)로 바꾸었다.

1973* 라몬트-도허티 지질연구소(Lamont-Doherty Geological Observatory)의 제
       임스 헤이즈(James D. Hays)는 인도양 남부에서 건져 올린 RC11-120 코어
       에 대한 동위원소와 방산충 분석을 통해 남반구와 북반구의 기후 변화가 동
       시적이라는 결론을 얻음.

1976   클리맵(CLIMAP) 과학자 제임스 헤이즈(James Hays), 존 임브리(John Imbrie)
       그리고 니콜라스 섀클턴(Nicholas Shackleton)은 인도양의 RC11-120 코어와
       E49-18 코어에 대한 스펙트럼 분석을 통하여 과거 500,000년 동안의 주된 기
       후 변화는 지구 자전축의 기울기 변화와 세차운동을 따르고 있다고 확인함.
       이는 빙하기에 대한 천문 이론이 예측한 바와 같다.

1976년부터 1985년 사이

　1976년 헤이즈(Hays)와 그의 동료들이 제시한 증거는 빙하기에 대한 새
로운 접근을 이끌어냈다. 앙드레 베르저(Andre Berger)를 위시한 여러 천문
학자들은 궤도 변화 계산을 새롭게 다듬었고, 지질학자들은 기후 변화에
대한 새로운 기록을 확보하고 또 연대측정 능력을 개선했다. 몇 해 가지 않
아 국제 과학계는 세계 기후의 주된 변화가, 최소한 플라이스토세 동안, 지
구 궤도운동에 따른 일조량 변화에 기인한다는 밀란코비치 이론의 기본 요
점을 인정하게 되었다. 즉, 주기적으로 빙기-간빙기가 찾아오는 것은 세차
운동(19,000년과 23,000년 주기)과 지구 자전축의 기울기 변화(41,000년 주기)
그리고 지구 공전궤도의 이심률 변화(100,000년 주기) 때문이라는 것이다.
해양 퇴적물에서 이러한 궤도운동의 영향을 확실하게 인지할 수 있다. 해
저 퇴적물이 가진 산소 동위원소 기록은 세계 빙하의 체적 변화를 대변한
다. 지구 운동의 영향은 대서양, 남극해, 인도양 그리고 태평양에서 표면

해류 및 표층수 온도 변화에 대한 화석 기록 그리고 심층수 변화에 대한 화학적 기록으로도 나타난다. 육상에서는 지구 궤도운동의 변화가 극관 빙하의 크기, 동식물의 분포, 산악 빙하의 범위 변화 등으로 나타나는데, 주로 고위도와 중위도에서 그 효과를 발견할 수 있다. 저위도인 열대 지역에서는 밀란코비치 주기가 주로 강우량의 변화와 이에 따른 호수 수위의 변화로써 기록된다.

플라이스토세 빙하기의 근본 원인이 지구 궤도의 변화에 있다는 증거가 이처럼 되풀이되며 나오자, 이제 이 문제는 과학자들의 신선한 관심으로부터 멀어지고 말았다. 대신에 지질학자들의 관심은 더 먼 시대로 옮겨갔다. 더 오래된 지질시대의 기록을 새롭게 살펴본 지질학자들은 페름기, 트라이아스기, 에오세 그리고 마이오세에도 천문학적 요인에 따른 기후 변화가 있었다는 명백한 증거를 발견했다. 그래서 지질시대를 막론하여 지구 궤도의 변화가 어느 정도건 항상 기후 변화를 야기했다는 것이 중론이 되었다. 그런데 아직 남아 있는 핵심 과제는 작은 일조량 변화를 맞이 기후체계를 그토록 민감하게 만드는 물리적 메커니즘이 무엇인지 알아내는 일이다. 1982년까지 열 가지 정도의 정량적 이론들이 컴퓨터 모델로 발표되었다. 이들 중 어떤 것은 빙원의 체적 증감이나 고위도의 대기 변화 혹은 아시아 몬순의 강도 변화를 이야기하고, 다른 일부는 다음에 올 빙하기를 예보하기도 했다.

그러나 이 모델들 어느 것도 완전히 만족스럽지는 못하다. 이들 모두가 100,000년 기후 주기에 나타난 큰 진폭을 설명하지 못한다. 빙하기 기후에 대한 우리의 지식에서 아무래도 무언가가 빠져 있는 것 같다. 그래서 스위스와 프랑스의 과학자들은 극 빙하 속에 들어 있는 공기방울을 조사한 바 있다. 그 결과 지난 빙하기에는 대기 중의 이산화탄소가 지금보다 꽤 적었다는 사실을 알아냈다. 이 발견의 의미는 빙하 주기가 물리적, 화학적 변화 뿐 아니라 *생물학적* 변화와도 연계된다는 시사이다. 한 가지 가능성 있어 보이는 설명은 기후의 물리적 변화에 따른 생물학적 결과로써 세계의 탄소 저장량에 변화가 일어났다고 보는 것이다.[96) 그런데 탄소량이 변한 시점을 알아보면 그러할 가능성이 수그러진다. 1983년과 1985년 사이에 영국과 미국의 과학자들이 확인한 바에 의하면, 세계적 탄소 저장량의 변화는 궤도 변화 이후에, 그리고 빙하의 체적 변화 이전에 일어난 것으로 나타났다. 그러므로 이산화탄소의 변화라는 것은 궤도 변화를 맞이하여 기후 시스템이 물리적, 화학적, 생물학적으로 복잡하게 얽히면서 반응한 결과의 하나로 보아야 할 것이다. 이 책이 간행되는 시점에 우리가 당면한 과제는 이들 메커니즘이 과연 무엇이고, 또 인류 자신이 대기의 이산화탄소 양을 변화시켜가는 상황에서 이들 각각이 미래 지구의 기후에 미치는 의미가 무엇인지를 밝혀내는 일이다.

..
96) 옮긴이 주석: 빙하기가 되어 기온 하강이라는 물리적 변화가 일어나고 이에 기인하여 생물 종의 개체 수가 줄어들었으며 이에 따라 탄소 저장량도 줄어들었다는 의미다.

권장 문헌

Bryson, R.A. and T.J.Murray, 1977, *Climates of hunger*, Univ. Wisconsin Press, Madison.

Calder, N., 1974, *The weather machine*, British Broadcasting Corp., London.

Eiseley, L., 1958, *Darwin's century*, Doubleday, Garden City, New York.

Fagan, B.M., 1977, *People of the earth*, Little Brown & Co., Boston.

Gillispie, C.C., 1951, *Genesis and geology: the impact of scientific discoveries upon religious beliefs in the decade before Darwin*, Harper and Brothers, New York.

Ladurie, E.L., 1971, *Times of feast, times of famine: a history of climate since the year 1000*. (Trans. by Barbara Bray). Doubleday, New York.

Lamb, H.H., 1966, *The changing climate: selected papers*, Methuen, London.

Ludlum, D., 1966, Early *American winters: 1604-1820*, American Meteorological Society, Boston.

Lurie, E.,1960, *Louis Agassiz: a life in science*, Univ. Chicago Press, Chicago.

Schneider, S.H., with L.E. Mesirow, 1976, *The genesis strategy*, Dell, New York.

Sparks, B.W. and R.G. West, 1972, *The ice age in Britain*, Methuen, London.

Sullivan, Walter, 1974, *Continents in motion*, McGraw-Hill, New York.

참고 문헌

Adhémar, J.A.,1842, *Révolution de la mer*, privately published, Paris.

Adie, R.J., 1975, Permo-Carboniferous glaciation of the southern hemisphere, in *Ice ages: ancient and modern*, (A.E. Wright and F. Moseley, eds.), Seel House, Liverpool, pp. 287–300.

Agassiz, L., 1840, *Etudes sur les glaciers*, privately published, Neuchâtel.

Andrews, J.T., 1974, *Glacial isostasy*, Dowden, Hutchinson, and Ross, Stroudsburg.

Angelitch, T.P., 1959, Milutin Milankovitch, *Archives internationales d'histoire des sciences*, 12, pp. 176–178.

Arrhenius, G., 1952, Sediment cores from the East Pacific, *Swedish Deep-Sea Expedition* (1947-1948), *Repts.*, *5*, Elander, Göteborg, pp. 1–207.

Barnes, J.W., E.J. Lang, and H.A. Potratz, 1956, Ratio of ionium to uranium in coral limestone, *Science, 124*, pp. 175–176.

Berger, A., 1977(a), Support for the astronomical theory of climatic change, *Nature, Lond., 269*, pp. 44–45.

Berger, A., 1977(b), Long-term variations of the earth's orbital elements, *Celestial Mech., 15*, pp. 53–74.

Bernhardi, R., 1832, An hypothesis of extensive glaciation in prehistoric time, in *Source book in geology*, (K.T. Mather and S.L. Mason, eds.), McGraw-Hill, New York, 1939, pp. 327–328.

Bloom, A.L., W.S. Broecker, J.M.A. Chappell, R.K. Matthews, K.J. Mesolella, 1974, Quaternary sea level fluctuations on a tectonic coast, *Quaternary Reserch, 4*, pp. 185-205.

Broecker, W.S., 1965, Isotope geochemistry and the Pleistocene climatic record, in *The Quaternary of the United States*, (H.E. Wright, Jr. and D.G. Frey, eds.), Princeton Univ. Press, Princeton, pp. 737-753. 이 문헌은 12장을 집필하면서 널리 활용하였다.

Broecker, W.S., 1975, Climatic change: are we on the brink of a pronounced global warming?, *Science, 189*, pp. 460-463.

Broecker, W.S., D.L. Thurber, J. Goddard, T. Ku, R.K. Matthews, and K.J. Mesolella, 1968, Milankovitch Hypothesis supported by precise dating of coral reefs and deep-sea sediments, *Science, 159*, pp. 1-4.

Broecker, W.S. and J. van Donk, 1970, Insolation changes, ice volumes, and the O^{18} record in deep-sea cores, *Reviews of Geophysics and Space Physics, 8*, pp. 169-197.

Brunhes, B., 1906, Recherches sur la direction d'aimantation des roches volcaniques, *Jour. de Physique Théorique et Appliquée, Series 4, 5*, pp. 705-724.

Calder, N., 1974, Arithmetic of ice ages, *Nature, Lond., 252*, pp. 216-218.

Carozzi, A.V. (editor), 1967, *Studies on glaciers preceded by the discourse of Neuchâtel by Louis Agassiz*, Hafner, New York. 이 문헌은 1장에서 널리 활용하였다.

Charlesworth, J.K., 1957, *The Quaternary Era with special reference to its glaciation, 2 vols.*, Edward Arnold, London. 이 문헌은 9장을 집필하면서 널리 활용하였다.

CLIMAP Project Members, 1976, The surface of the ice-age earth, *Science, 191*, pp. 1131-1144.

Collomb, E., 1847, *Preuves de l'existence d'anciens glaciers dans les vallées des Vosges*, Victor Masson, Paris.

Committee for the study of the Plio-Pleistocene boundary, 1948, *Int.*

Geol. Congr. Rep. 18th Session, Great Britain, 9.

Conrad, T.A., 1839, Notes on American geology, *Amer. Jour. Sci., 35,* pp. 237–251.

Cox, A., R.R. Doell, and G.B. Dalrymple, 1963, Geomagnetic polarity epochs and Pleistocene geochronometry, *Nature, Lond., 198,* pp. 1049–1051. 이 문헌은 13장을 집필하면서 널리 활용하였다.

Cox, A., R.R. Doell, and G.B. Dalrymple, 1964, Reversals of the earth's magnetic field, *Science, 144,* pp. 1537–1543.

Croll, J., 1864, On the physical cause of the change of climate during geological epochs, *Philosophical Magazine, 28,* pp. 121–137.

Croll, J., 1865, On the physical cause of the submergence of the land during the glacial epoch, *The Reader, 6,* pp. 435–436.

Croll, J., 1867, On the excentricity of the earth's orbit, and its physical relations to the glacial epoch, *Philosophical Magazine, 33,* pp. 119–131.

Croll, J., 1867, On the change in the obliquity of the ecliptic, its influence on the climate of the polar regions and on the level of the sea, *Philosophical Magazine, 33,* pp. 426–445.

Croll, J., 1875, *Climate and time,* Appleton & Co., New York. 이 문헌은 5장과 6장을 집필하면서 널리 활용하였다.

Dana, J.D., 1894, *Manual of geology.* American Book Co., New York.

Denton, G.H. and W. Karlén, 1973, Holocene climatic variations — their pattern and possible cause, *Quaternary Research, 3,* pp. 155–205.

Dunbar, C.O., 1960, *Historical geology, 2nd ed.,* John Wiley & Sons, New York. 이 문헌은 2장을 쓰면서 활용하였다.

Eberl, B., 1930, *Die Eiszeitenfloge im nördlichen Alpenvorlande,* Dr. Benno Filser, Augsburg.

Eddy, J.A., 1977, The case of the missing sunspots, *Scientific American, 236,* pp. 80–92.

Emiliani, C., 1955, Pleistocene temperatures, *Jour. Geol.*, *63*, pp. 538-578.

Emiliani, C., 1966, Paleotemperature analysis of Caribbean cores P6304-8 and P6304-9 and a generalized temperature curve for the past 425,000 years, *Jour. Geol.*, *74*, pp. 109-126.

Epstein, S., R. Buchsbaum, H. Lowenstam, and H.C. Urey, 1951, Carbonate-water isotopic temperature scale, *Geol. Soc. Amer. Bull.*, *62*, pp. 417-425.

Ericson, D.B., W.S. Broecker, J.L. Kulp, and G. Wollin, 1956, Late-Pleistocene climates and deep-sea sediment, *Science, 124*, pp. 385-389.

Ericson, D.B., M. Ewing, and G. Wollin, 1963, Pliocene-Pleistocene boundary in deep-sea sediments, *Science, 139*, pp. 727-737.

Ericson, D.B., M. Ewing, G. Wollin, and B.C. Heezen, 1961, Atlantic deep-sea sediments cores, *Geol. Soc. Amer. Bull.*, *72*, pp. 193-286.

Ericson, D.B., and G. Wollin, 1968, Pleistocene climates and chronology in deep-sea sediments, *Science, 162*, pp. 1227-1234.

Evernden, J.F., D.E. Savage, G.H. Curtis, and G.T. James, 1964, Potassium-argon dates and the Cenozoic mammalian chronology of North America, *Amer. Jour. Sci*, 262, pp. 145-198.

Ewing, M. and W.L. Donn, 1956, A theory of ice ages, *Science, 123*, pp. 1061-1066.

Fagan, B.M., 1977, *People of the earth*, Little, Brown & Co., Boston.

Fairbridge, R.W., 1961, Convergence of evidence on climatic change and ice ages, *Annals New York Acad. Sci.*, *95*, pp. 542-579.

Flint, R.F., 1965, Deep-sea stratigraphy, *Science, 149*, pp. 660-661.

Flint, R.F., 1965, Introduction: Historical perspectives, in *The Quaternary of the United States*, (H.E. Wright, Jr. and D.G. Frey, eds.), Princeton Univ. Press, Princeton, pp. 3-11. 이 문헌은 3장을

집필하면서 널리 활용하였다.

Flint, R.F., 1971, *Glacial and Quaternary geology*, John Wiley & Sons, New York. 이 문헌은 1-4장과 9장을 쓰면서 널리 활용하였다.

Flint, R.F. and M. Rubin, 1955, Radiocarbon dates of pre-Mankato events in eastern and central North America, *Science, 121*, pp. 649-658.

Forbes, E., 1846, On the connexion between the distribution of the existing fauna and flora of the British Isles, and the geological changes which have affected their area, especially during the epoch of the northern drift, *Great Britain Geol. Survey, Mem., 1*, pp. 336-432.

Frenzel, B., 1973, *Climatic fluctuations of the ice age*, (Translated by A.E.M. Nairn), Case Western Reserve Univ. Press, Cleveland and London.

Geikie, A., 1863, On the phenomena of the glacial drift of Scotland, *Geol. Soc. Glasgow, Trans., 1*, pp. 1-190.

Geikie, A., 1875, *Life of Sir Roderick I, Murchison 2 vols.*, John Murray, London.

Geikie, J., 1874-94, *The great ice age: 1st ed.*, W. Isbister, London, 1874; *2nd ed.*, Daldy, Isbister & Co., London, 1877; *3rd ed.*, Stanford, London, 1894, 이 문헌은 3장과 7장을 준비하면서 널리 활용하였다.

Gilbert G.K., 1890, Lake Bonneville, *U.S. Geological Survey, Monograph 1*, U.S. Goverment Printing Office, Washington, pp. 1-438.

Goldthwait, R.P., A. Dreimanis, J.L. Forsyth, P.F. Carrow, and G.W. White, 1965, Pleistocene deposits of the Erie Lobe, in *The Quaternary of the United States*, (H.E. Wright, Jr. and D.G. Frey, eds.), Princeton Univ. Press, Princeton, pp. 85-97.

Hansen, B., 1970, The early history of glacial theory in the British geology, *Jour. Glaciol, 9*, pp. 135-141.

Harrison, C.G.A. and B.M. Funnell, 1964, Relationship of palaeomagnetic reversals and micropalaeontology in two late Cenozoic cores from the Pacific Ocean, *Nature, Lond., 204,* p. 566.

Hays, J.D. and W.A. Berggren, 1971, Quaternary boundaries and correlations, in *Micropaleontology of the oceans,* (B.M. Funnell and W.R. Riedel, eds.), Cambridge University Press, pp. 669-691.

Hays, J.D., J. Imbrie, and N.J. Shackleton, 1976, Variations in the earth's orbit: pacemaker of the ice ages, *Science, 194,* pp. 1121-1132.

Hays, J.D., and N.D. Opdyke, 1967, Antarctic radiolaria, magnetic reversals, and climatic change, *Science, 158,* pp. 1001-1011.

Heezen, B.C. and M. Ewing, 1952, Turbidity currents and submarine slumps, and the 1929 Grand Banks earthquake, *Amer. Jour. Sci., 250,* pp. 849-873.

Hitchcock, E., 1841, First anniversary address before the Association of American Geologists, at their second annual meeting in Philadelphia, April 5, 1841, *Amer. Jour. Sci., 41,* pp. 232-275.

Hutton, J., 1795, *Theory of the earth, v. 2,* William Creech, Edinburgh. (Reprinted 1959, in facsimile, Hafner, New York.)

Imbrie, J. and John Z. Imbrie, 1980, Modeling the climatic response to orbital variations, *Science, 207,* pp. 943-953.

Imbrie, J. and N.G. Kipp, 1971, A new micropaleontological method for quantitative paleoclimatology: application to a late Pleistocene Caribbean core, in *Late Cenozoic glacial ages* (K.K. Turekian. ed.), Yale Univ. Press, New Haven, pp. 71-181.

Irons, J.C., 1896, *Autobiographical sketch of James Croll, with memoir of his life and work,* Edward Stanford, London. 이 문헌은 6장을 집필하면서 널리 활용하였다.

Jamieson, T.F., 1865, On the history of the last geological changes in Scotland, *Quart. Jour. Geol. Soc. London, 21,* pp. 161-195.

Kennett, J.P., 1977, Cenozoic evolution of Antarctic glaciation, the Circum-Antarctic Ocean, and their impact on global paleoceanography, *Jour. Geophys. Res.*, *82*, pp. 3843-3860.

Köppen, W. and A. Wegener, 1924, *Die Klimate der geologischen Vorzeit*, Gebrüder Borntraeger, Berlin. 이 문헌은 8장을 집필하면서 널리 활용하였다.

Kukla, G.J., 1968, *Current Anthropology*, *9*, pp. 37-39.

Kukla, G.J., 1970, Correlation between loesses and deep-sea sediments, *Geol. Fören. Stockholm Förh.*, *92*, pp. 148-180.

Kukla, G.J., 1975, Loess stratigraphy of Central Europe, in *After the Australopithecines*, (K.W. Butzer and G.L. Isaac, eds.), Mouton, The Hague, pp. 99-188. 이 문헌은 9장을 집필하면서 널리 활용하였다.

Kullenberg, B., 1947, The piston core sampler, *Svenska Hydro-Biol. Komm. Skrifter, S.3, Bd.1, Hf.2*, pp. 1-46.

Lamb, H.H., 1966, *The changing climate: selected papers*, Methuen, London.

Lamb, H.H., 1969, Climatic fluctuations, in *World survey of climatology, 2, General climatology*, (H. Flohn, ed.), Elsevier, New York, pp. 173-249. 이 문헌은 16장을 집필하면서 널리 활용하였다.

Leverrier, U., 1843-1855, *Connaissance des temps*, 1843; *Annales de l'Observatoire Impérial de Paris, II*, 1855.

Libby, W.F., 1952, *Radiocarbon dating*, Univ. Chicago Press, Chicago.

Ludlum, D., 1966, *Early American Winters: 1604-1820*, American Meteorological Soc., Boston.

Lurie, E., 1960, *Louis Agassiz: a life in science*, Univ. Chicago Press, Chicago.

Lyell, C., 1830-1833, *Principles of geology*, John Murray, London; v. 1, 1830; v. 2, 1832; v. 3, 1833.

Lyell, C., 1839, *Nouveaux éléments de geologie*, Pitois- Levrault, Paris.

Lyell, C., 1865, *Elements of geology*, John Murray, London. 이 문헌은 7장을 집필하면서 널리 활용하였다.

Maclaren, C., 1841, *The glacial theory of Professor Agassiz of Neuchâtel*, The Scotsman Office, Edinburgh, Reprinted, 1842, in *Amer. Jour. Sci.*, 42, pp. 346–365.

Marcou, J., 1896, *Life, letters, and works of Louis Agassiz*, Macmillan, New York.

Matuyama, M., 1929, On the direction of magnetisation of basalt in Japan, Tyôsen and Manchuria, *Imperial Acad. of Japan Proc.*, 5, pp. 203–205.

McDougall, I. and D.H. Tarling, 1963, Dating of polarity zones in the Hawaiian Islands, *Nature, Lond. 200*, pp. 54–56.

McIntyre, A., W.F. Ruddiman, and R. Jantzen, 1972, Southward penetrations of the North Atlantic polar front: faunal and floral evidence of large-scale surface water mass movements over the past 225,000 years, *Deep-Sea Research, 19*, pp. 61–77.

Mesolella, K.J., R.K. Matthews, W.S. Broecker, and D.L. Thurber, 1969, The astronomical theory of climatic change: Barbados data, *Jour. Geol.*, 77, pp. 250–274.

Milankovitch, M., 1920, *Théorie mathématique des phénomènes thermiques produits per la radiation solaire*, Gauthier-Villars, Paris.

Milankovitch, M., 1930, Mathematische Klimalehre und astronomische Theorie der Klimaschwankungen, in *Handbuch der Klimatologie, I(A)*, (W. Köppen and R. Geiger, eds.), Gebrüder Borntraeger, Berlin, pp. 1–176.

Milankovitch, M., 1936, *Durch ferne Welten and Zeiten*, Koehler and Amalang, Leipzig. 이 문헌은 8장을 준비하면서 널리 활용하였다.

Milankovitch, M., 1938, Astronomische Mittel zur Erforschung der erdgeschichtlichen Klimate, *Handbuch der Geophysik, 9*, (B.

Gutenberg, ed.), Berlin, pp. 593-698.

Milankovitch, M., 1941, Kanon der Erdbestrahlung und seine Anwendung auf das Eiszeitenproblem, *Royal Serb. Acad., Spec. Publ., 133,* Belgrade, pp. 1-633. English translation published in 1969 by Israel Program for Scientific Translations available from U.S. Dept. Comm. 이 문헌들은 8장을 집필하면서 널리 활용하였다.

Milankovitch, M., 1952, Memories, experiences and perceptions from the years 1909-1944, *Serb. Acad. Sci. CXCV,* pp. 1-322 (in Serbo-Croatian).

Milankovitch, M., 1957, Astronomische Theorie der Klimaschwankungen ihr Werdegang und Widerhall, *Serb. Acad. Sci., Mono., 280,* pp. 1-58.

Mitchell, J.M., Jr., 1963, On the world-wide pattern of secular temperature change, in *Changes of climate,* Arid Zone Reaserch XX, UNESCO, Paris, pp. 161-181.

Mitchell, J.M., Jr., 1973, The natural breakdown of the present interglacial and its possible intervention by human activities, *Quaternary Research, 2,* pp. 436-445.

Mitchell, J.M., Jr., 1977a, The changing climate, In *Energy and climate,* Studies in Geophysics, National Academy of Sciences, Washington, pp. 51-58. 이 문헌은 16장을 집필하면서 널리 활용하였다.

Mitchell, J.M., Jr., 1977b, Carbon dioxide and future climate, *Environmental Data Service, March, U.S. Dept. Comm.,* pp. 3-9. 이 문헌은 16장을 집필하면서 널리 활용하였다.

Murray, J., 1895, A summary of the scientific results obtained at the sounding, dredging and trawling stations of *H.M.S. Challenger, Rep. Scient. Res. Voy. H.M.S. Challenger, Summary, 1-2.*

National Academy of Sciences, 1975, *Understanding climatic change: a program for action,* National Academy of Sciences, Washington.

이 문헌은 4장, 16장 그리고 마치는 장을 집필하면서 널리 활용하였다.

North, F.J., 1942, Paviland Cave, the "Red Lady", the deluge, and William Buckland, *Annals of Science*, 5, pp. 91-128.

North, F.J., 1943, Centenary of the glacial theory, *Proc. Geol. Assoc.*, 54, pp. 1-28. 이 문헌은 1장과 2장을 집필하면서 널리 활용하였다.

Öpik, E.J., 1952, The ice ages, *Irish Astronomical Jour.*, 2, pp. 71-84.

Penck, A. and E. Brückner, 1909, *Die Alpen im Eiszeitalter*, Tauchnitz, Leipzig.

Phleger, F.B., F.L. Parker, and J.F. Peirson, 1953, North Atlantic Foraminifera, *Repts. Swedish, Deep-Sea Expedition 1947-1948*, 7, (H. Pettersson, ed.), Elanders, Göteborg, pp. 1-122.

Pilgrim, L., 1904, Versuch einer rechnerischen Behandlung des Eiszeitenproblems, *Jahreshefte für väterlandishe Naturkunde in Württemberg, 60*.

Richtofen, B.F., 1882, On the mode of origin of the loess, *Geological Magazine*, 9, pp. 293-305.

Ruddiman, W.F. and A. McIntyre, 1976, Northeast Atlantic paleoclimatic changes over the past 600,000 years, in *Investigation of late quaternary paleoceanography and paleoclimatology*, (R.M. Cline and J.D. Hays, eds.), *Geol. Soc. Amer., Mem. 145*, pp. 111-146.

Rutten, M.G. and H. Wensink, 1960, Palaeomagnetic dating, glaciations and the chronology of the Plio-Pleistocene in Iceland, *Int. Geol. Congr. Sess. 21, pt. 4*, p. 62.

Sarnthein, M., 1978, Sand deserts during glacial maximum (18,000 Y.B.P.) and climatic optimum (6,000 Y.B.P.), *Nature, Lond, 272*, pp. 43-46.

Schaefer, I., 1953, Die donaueiszeitlichen Ablagerungen an Lech und Wertach, *Geologia, Bavarica, 19*, pp. 13-64.

Schott, W., 1935, Die Formaniferen in dem äquatorialen Teil des

Atlantischen Ozeans, *Deutsch. Atlant. Exped. Meteor 1925-1927*, *Wiss., Ergebn. 3*, pp. 43-134.

Shackleton, N., 1967, Oxygen isotope analyses and Pleistocene temperatures re-assessed, *Nature, Lond, 215*, pp. 15-17.

Shackleton, N.J. and N.D. Opdyke, 1973, Oxygen isotope and paleomagnetic stratigraphy of equatorial Pacific core V28-238: oxygen isotope temperatures and ice volumes on a 10^5 and 10^6 year scale, *Quaternary Research, 3*, pp. 39-55.

Soergel, W., 1925, Die Gliederung und absolute Zeitrechnung des Eiszeitalters, *Fortshr. Geol. Palaeont., Berlin, 13*, pp. 125-251.

Teller, J.D., 1947, *Louis Agassiz: scientist and teacher*, The Ohio State Univ. Press, Columbus.

Urey, H.C., 1947, The thermodynamic properties of isotopic substances, *J. Chem. Soc.*, pp. 562-581.

Van den Heuvel, E.P.J., 1966, On the precession as a cause of Pleistocene variations of the Atlantic Ocean water temperatures, *Geophys. J. R. Astr. Soc.*, pp. 323-336.

Vernekar, A.D., 1972, Long-period global variations of incoming solar radiation, *Meteorological Monographs, 12*, Amer. Meteorol. Soc., Boston.

Whittlesey, C., 1868, Depression of the ocean during the ice period, *Proc. Amer. Assoc. Adv. Sci., 16*, pp. 92-97.

Wilson, A.T., 1964, Origin of ice ages: an ice shelf theory for Pleistocene glaciation, *Nature, Lond, 201*, pp. 147-149.

Wright, H.E., Jr., 1971, Late Quaternary vegetational history of North America, in *Late Cenozoic glacial ages*, (K.K. Turekian, ed.), Yale Univ. Press, New Haven, pp. 425-464.

Zeuner, F.E., *The Pleistocene Period*, Hutchinson, London, 1959. 이 문헌은 9장을 집필하면서 널리 활용하였다.

Berger A., J. Imbrie, J. Hays, G. Kukla, B. Saltzman, eds., 1984, *Milankovitch and climate*, D. Reidel Publishing Co., Dordrecht. A two-volume summary of an international symposium held in December 1982, including Vasko Milankovitch's memories of his father. See especially chapters by R.Y. Anderson; J. Imbrie *et al.*; B. Molfino *et al.*; P.E. Olsen; W.R. Peltier and W. Hyde; L.C. Peterson and W.L. Prell; N.G. Pisias and M. Leinen; and W.L. Prell.

Birchfield, G.E., J. Weertman, and A.T. Lunde, 1982, A model study of the role of high-latitude topography in the climatic response to orbital insolation anomalies, *J. Atmos. Sci., 39*, pp. 71-87.

Boyle, E.A., 1984, Cadmium in benthic foraminifera and abyssal hydrography: evidence for a 41 kyr obliquity cycle, in *Climate processes and climate sensitivity* (J.E. Hansen and T.Takahashi, eds.) Amer. Geophys. Union, Washington, D.C., pp. 360-368.

Denton, G.H. and T.J. Hughes, eds., 1981, *The last great ice sheets*, John Wiley & Sons, New York.

Imbrie, J., 1985, A theoretical framework for the Pleistoceneice ages, *Jour. Geol. Soc. London, 142*, pp. 417-432.

Kutzbach, J.E. and B.L. Otto-Bliesner, 1982, The sensitivity of the African-Asian monsoonal climate to orbital parameter changes for 9000 years B.P. in a low-resolution general circulation model, *Jour. Atmos. Sci., 39*, pp. 1177-1188.

Kutzbach, J.E. and F.A. Street-Perrott, 1985, Milankovitch forcing of tropical lake level fluctuations, 18–0 Ka B.P. *Nature (in press)*.

Lorius, C., J. Jouzel, C. Ritz, L. Merlivat, N.I. Barkov, Y.S. Korotkevich, and V.M. Kotlyakov, 1985, A 150,000–year climate record from Antarctic ice. *Nature (Lond.)*, *316*, pp. 591–596.

McIntyre, A. et al., 1981, *Seasonal reconstructions of the earth's surface at the last glacial maximum*, Geol. Soc. Amer., Map and Chart Series,, MD–36.

Morley, J.J. and J.D. Hays 1981, Towards a high–resolution, global, deep–sea chronology for the last 750,000 years, *Earth Planet. Sci. Lett.*, *53*, pp. 279–295.

Neftel, A., H. Oeschiger, J. Schwander, B. Stauffer, and R. Zumbrunn, 1982, Ice core measurements give atmospheric CO_2 content during the past 40,000 years, *Nature*, *295*, pp. 220–223.

North, G.R., J.G. Mengel, and D.A. Short, 1983, Simple energy balance model resolving the seasons and the continents: application to the astronomical theory of the ice ages, *Jour. Geophys. Res.*, *88*, pp. 6576–6586.

Ruddiman, W.F. and A. McIntyre, 1984, Ice–age thermal response and climatic role of the surface Atlantic Ocean, 40° to 63° N, *Geol. Soc. Amer. Bull.*, *95*, pp. 381–396.

Suarez, M.J. and I.M. Held, 1979, The sensitivity of an energy balance climate model to variations in the orbital parameters, *J. Geophys. Res.*, *84*, 4825–4836.

Sundquist, E.T. and W.S. Broecker, eds., 1985, *The carbon cycle and atmospheric CO2: natural variations Archean to present*, Geophys. Mon. 32, American Geophysical Union, Washington, D.C. See especially chapters by L.D. Keigwin and E.A. Boyle; L.C. Peterson and W.L. Prell; and N.J. Shackleton and N.G. Pisias.

Webb, T., J. Kutzbach, and F.A. Street-Perrott, 1985, 20,000 years of global climate change: paleoclimatic research plan, in *Global change* (T.F. Malone and J.G. Roederer, eds.), ICSU Press, New York, pp. 182-219.

용어

ㄱ

인명, 기관명

296

지은이

:: 존 임브리 및 캐서린 팔머 임브리

저자 존 임브리(John Imbrie) 박사는 1925년에 미국 뉴욕주 패니암에서 태어 났다. 프린스톤 대학을 졸업하고 1951년에 예일 대학에서 박사학위를 받았다. 1986년에 미국 지구물리학회(AGU)의 모리스 유잉(Maurice Ewing) 메달 등 수 많은 학회의 메달을 받았으며, 1978년에는 미국 학술원(National Academy of Sciences) 회원으로 선임되었다. 1967년부터 브라운 대학 해양학과에서 교수 (Henry L. Doherty Professor of Oceanography)로 재직하였고 현재는 이 학교의 명예교수이다. 1976년에 동료 과학자들과 함께 해저코어의 기후변화기록을 스 펙트럼 분석함으로써 밀란코비치 이론을 입증하는 논문을 저명한 과학잡지 사 이언스(Science)에 발표하여 세계적으로 유명해졌다(Hays, J. D., Imbrie, J. and Shackleton, N. J. (1976). "Variations in the Earth's Orbit: Pacemaker of the Ice Ages", Science 194 (4270): 1121-1132).
공저자인 캐서린 팔머 임브리(Katherine Palmer Imbrie) 박사는 존 임브리 박사 의 딸이다. 휘튼 대학(Wheaton College)을 우등으로 졸업했으며 현재 과학 저술 가로 활동하고 있다.

옮긴이

:: 김인수

연세대학교와 동 대학원에서 지질학을 공부하였다. 석사학위를 마친 후 독일정 부(DAAD) 초청 장학생으로 뮌헨 대학교(LMU)에서 유학하며 지구물리학을 전 공하고 우등(Cum Laude)으로 박사학위를 받았다. 그 후에는 부산대학교 지질 환경과학과에서 30여 년간 구조지질학과 지구물리학 교수로 재직하였고 지금 은 명예교수로 있다. 주 관심분야는 지체구조운동과 지구물리탐사이며, 암석 의 잔류자기와 대자율 연구에 관한 다수의 논문을 발표하는 한편, 미국 컬럼비 아 대학교 라몬트-도허티 지질연구소(Lamont-Doherty Geological Observatory of Columbia University)에서 연구하며 미국 동부지역의 대륙분열 퇴적분지 와 샌프란시스코 및 캐나다 뉴펀들랜드의 대륙지괴 충돌지역을 답사하였다. 아울러 대륙이동설을 제창한 독일의 지구물리학자 알프레드 베게너(Alfred Wegener)의 역사적 명저 대륙과 해양의 기원(Die Entstehung der Kontinente und Ozeane)을 번역하기도 하였다(나남 2010, 371쪽).

한국연구재단총서 학술명저번역 서양편 574

빙하기
— 그 비밀을 푼다

1판 1쇄 찍음 | 2015년 5월 7일
1판 1쇄 펴냄 | 2015년 5월 18일

지은이 | 존 임브리 및 캐서린 팔머 임브리
옮긴이 | 김인수
펴낸이 | 김정호
펴낸곳 | 아카넷

출판등록 2000년 1월 24일(제406-2000-000012호)
413-120 경기도 파주시 회동길 445-3
전화 | 031-955-9511(편집) · 031-955-9514(주문)
팩시밀리 | 031-955-9519
책임편집 | 이경열
www.acanet.co.kr

Printed in Seoul, Korea.

ISBN 978-89-5733-420-1 94450
ISBN 978-89-5733-214-6 (세트)

이 도서의 국립중앙도서관 출판예정도서목록(CIP)은
서지정보유통지원시스템 홈페이지(http://seoji.nl.go.kr)와
국가자료공동목록시스템(http://www.nl.go.kr/kolisnet)에서 이용하실 수 있습니다.
(CIP제어번호: CIP2015012685)